日

西

韓

百變廚房

中西日韓料理大百科

吉田勝彥

渡邊昭子

高賢哲

脇 雅世

百變廚房
中西日韓料理大百科 〈目錄〉

讓我們幫你提昇廚藝！……8

第1章

肉類料理

日式
牛肉壽喜煮……10
照燒雞肉餅……12
〈絞肉的菜色變化〉盤蒸肉……13
清燉蔬菜雞肉……14
酒蒸雞……15
涼拌豬肉片……16
多明格拉斯漢堡排……18
〈配菜的材料和作法〉蜜汁紅蘿蔔／薯條……19

西式
嫩煎豬排……20
皮卡塔式嫩煎豬排……22

廚藝UP教室❶ 肉類的複習……42

西式
多汁炸雞排……24

中式
中式薑汁燒肉……26
檸檬糖醋豬……28
鹽炒青江菜雞肉……30
簡易香蔥叉燒……32

韓式
泡菜豬肉……34
達卡比……36
韓國燒肉……38
辣牛肉湯……40

本書的使用方式

- 本書中所使用的量杯為200ml，量匙1大匙=15ml、1小匙=5ml。1ml=1cc。
- 材料表中的熱量，如無特別註明，為1人份的大概的熱量。
- 本書中所使用的「高湯」，只要無特別註明皆指昆布柴魚風味的高湯。
- 微波爐、烤箱、電鍋、烤架、果汁機等請務必詳閱各品牌的使用說明書，正確使用。
- 微波爐、烤箱的加熱時間為大約的標準，會因機種不同而有所改變，請視情況增減。
- 微波爐若使用含有金屬製部分的容器或非耐熱性玻璃的容器、漆器、木竹製品、耐熱溫度不滿120℃的樹脂製容器等，有時會導致故障或意外發生，請特別留意。
- 本文中所示的微波爐調理時間為600W的時間，若為700W，請調整到0.8倍；500W則調整到1.2倍。
- 加熱調理時，若使用鋁箔或保鮮膜，請確認使用說明書中所記載的耐熱溫度後再正確使用。

※本書是以「NHK今日料理」的內容為基礎，加入新的料理後重新編輯而成，並非節目播放用的內容。

第2章

魚類料理

日式

味噌酒粕醃銀鱈……44

和風紅燒沙丁魚……46

鮮蔬燴鱈魚……47

魷魚豆腐……48

什錦炒酒鹽魷魚……50

照燒干貝……51

義式水煮鮭魚……52

香煎金目鯛……54

西式

酥炸鮮蝦蔬菜……56

廚藝UP教室❷ 海鮮的複習……72

西式

快速馬賽魚湯……58

蔥油清蒸魚……60

黑醋煮鹽鮭……62

中式

醃大芥菜煮鯖魚……63

辣味茄汁秋刀魚……64

泡菜煮鯖魚……66

辣煮鱈魚……68

韓式

辣炒鮭魚菇……70

第3章

蛋類料理

日式

厚燒蛋卷與高湯蛋卷……74

茶碗蒸……76

韭菜嫩蛋……77

廚藝UP教室❸ 雞蛋的複習……84

廚藝UP教室❹ 如何製作高湯……84

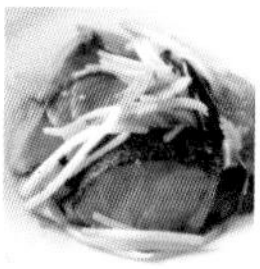

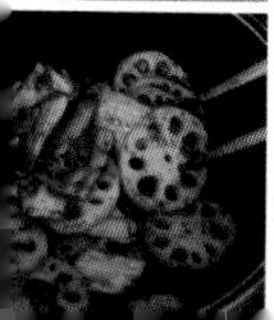

西式

香草歐姆蛋佐牛奶醬……78

番茄甜椒炒蛋（巴斯克風歐姆蛋）……80

中式

番茄炒蛋……82

第4章 蔬菜為主的料理

日式

根莖類雜煮……86
白菜牡蠣鍋……88
白菜雞肉丸子鍋……90
豬肉燉蘿蔔……91
清燉彩蔬……92
現代風蔬醋拌秋葵山藥……94
〈醋涼拌的菜色變化〉醋拌蘿蔔小黃瓜……95

西式

奶油雞肉燉菜……96
焗烤菠菜水煮蛋……98
高麗菜豬肉清湯……100
烤雞翅與夏季蔬菜……102
西西里島燉菜……104
尼斯風沙拉……106

中式

紅燒蘿蔔肉丸……108

廚藝UP教室❺ 蔬菜的複習……128

中式

麻婆白菜……111
豆瓣山藥雞……112
豬肉粉絲炒青江菜……113
甜麵醬炒茄子豬肉……114
絞肉豆腐炒秋葵……115
櫻花蝦炒小黃瓜……116
〈炒小黃瓜的菜色變化〉辣炒豬肉小黃瓜……117

韓式

韓式蘿蔔燉鰤魚……118
蓮藕鱈魚泡菜鍋……120
芋頭牛肉湯……122
辣炒牛蒡鯖魚……124
紅燒蕪菁雞肉……125
蛋煎甜椒肉餅……126
蛋煎櫛瓜餅……127

第5章 飯類料理

日式

什錦飯……130
〈蒸飯的菜色變化〉地瓜飯……131
花蛤飯……132
〈蒸飯的菜色變化〉涮豬肉飯……133

日式

紅豆糯米飯……134
〈糯米飯的菜色變化〉魩仔魚梅子糯米飯糰……135

西式

雞肉抓飯……136
〈雞肉飯的菜色變化〉脇老師家的蛋包飯……136

廚藝UP教室 ❻ 米飯的複習（米沙拉）……156

西式
鮮蝦焗飯……138
西班牙海鮮飯……140
〈炒飯的菜色變化〉紫蘇蒸炒飯……142
鯛仔魚蔥花炒飯……142

中式
中式飯湯……144

韓式
鮮蔬燴飯……146
韓式海苔卷……148
牛肉豆芽菜蒸飯……150
韓式秋刀魚蒸飯……152

中式
紅豆粥……155

第6章 小菜及湯品

日式
鮮菇佃煮……158
昆布醃山藥茼蒿……159
生薑佃煮……159
清脆細絲沙拉……160
茄子蘘荷直鰹煮……160
澤煮湯……161

西式
炒菇……162
炒馬鈴薯……162
〈炒馬鈴薯的菜色變化〉西班牙馬鈴薯蛋餅……163
冷製玉米濃湯……165

中式
椒麻茄子……166
中式醃蘿蔔與西洋芹……167
中式金平蒟蒻……167
咖哩秋葵天婦羅……168
中式敲敲牛蒡……169

韓式
醬油醃菇……170
蕪菁泡菜……170
小黃瓜涼拌蘘荷……171
韓式涼拌番茄……171
白帶魚湯……172
韓式冷汁……173

廚藝UP教室 ❼ 沾醬&醬汁的複習（味噌豬排沾醬／三杯醋／雙重番茄醬汁／牛奶醬汁／藥韓國辣醬）……174

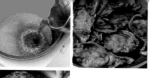

是昇廚藝！

西式料理

脇 雅世
Waki Masayo

料理研究家。二十幾歲時遠渡法國，在巴黎的料理專門學校習藝。歸國後，憑著扶養三個女兒的育兒經驗，開始提出家庭主婦獨到、實惠且時髦的食譜。從道地的法國料理到每天的家常菜，以及點心與保存食品等，口袋料理的範圍廣泛。

做菜是每天的事，我認為做菜時盡量省去多餘的步驟，用簡單的方法來做是最重要的，而非只是一味地耗費時間。

不過在做菜時，每個人有各自順手的方法與適合的方法，所以沒有什麼「非這麼做不可」。

我希望傳達給各位是，「只有這裡不能偷工減料才能做出美味的料理」的這項重點以及這麼做的「原因」。

了解原因自然就能把做法學起來，只要經過頭腦理解，手自然就會跟著動起來，接著就能夠加以靈活運用。

本書介紹的每一道食譜，都是希望能夠經常當做日常菜色來製作而精選出來的。衷心期盼經由本書的協助，能讓做菜變得更快樂！更好吃！更順手！讓大家都能「更」上一層樓。

日式料理

渡邊昭子
Watanabe Akiko

料理研究家。因為基礎的好上手食譜與溫暖的性情而受到廣大的歡迎，也因為無止盡探索的心而每天更新自己的食譜。將「我的食譜筆記」擺在自家廚房，隨時取用搭配讓口袋料理倍增。

把一些食譜記在腦海裡是讓口袋料理呈倍數成長的第一步，建議採用的方法是「同一道食譜做很多次」以及「在廚房裡放食譜」。藉由實際操作，把味道記起來；透過在廚房裡放食譜，讓調味不再仰賴直覺，而是經由量化。

首先就從記住材料清單開始做起吧！只要腦中記著材料清單就能做菜，就算火候失敗了，只要調味調得好還是可以吃。因此熟記分量就能專心在調理工作上，這也是讓廚藝精進的一條捷徑喔。

接著就是把腦中的食譜自由地加以變化。變化過後的料理，記得要在自製的食譜裡作筆記喔！寫下的食譜筆記就算修改也沒關係，因為透過修改才能逐漸變成可以放心製作的食譜。還有就是要不斷重複變化以及抄筆記，請一定要試著挑戰看看！

韓式料理

高賢哲
Ko Kentetsu

料理研究家。向母親李映林拜師學習廚藝後自立門戶，利用在日本家庭能夠取得的食材以及做法簡單的食譜，把自幼熟悉的韓國家鄉味提供給大家。

　　韓國不像日本，不太有看料理書然後把食譜記起來的習慣，材料或調味料也很少標示得很清楚。這和「媽媽的味道」沒有食譜的說法有點不太一樣，而是因為調味是「試過味道之後才決定」的。

　　所以在料理的過程中，平常的做法是每加入一樣食材就會試試味道，用自己的舌頭去發現、記住最恰到好處的調味。擅長做菜的人或許早已習慣這麼做，但希望透過本書重新讓各位體認到這個觀念。

　　我將協助各位學會更多韓國料理的口袋料理，但首先希望各位將「韓國辣醬」與「（中等粗度）辣椒粉」（右方照片）融入家裡的調味料成員中。只要有了這兩樣調味料以及各位所熟悉的泡菜，韓國料理就能順利成為你的口袋料理喔！

中式料理

吉田勝彥
Yoshida Katsuhiko

於東京代代木上原的人氣中式料理餐廳擔任主廚。活用當季食材製作出別具風格的菜色，獲得「對身體溫和無負擔」的好評。全新感受的中式料理，是在家也能輕鬆製作出讓人恢復元氣的好味道。

　　中國料理的炒菜也許有著「用大火」、「動作迅猛」的印象，但並非完全如此。比如在烹煮肉類時，如果火候太強就會馬上變硬，不斷攪拌則會導致水分流失。此時，使用中火慢慢加熱就很重要。

　　此外在中式料理餐廳經常會將食材過油（將食材稍微油炸的前置處理方式），因此往往被誤解為「油膩」與「做起來很麻煩」。但其實也有許多料理，比起使用過油導致食材的鮮味流失到油裡，加水蒸煮並將這些水分運用在調味上才能做得好吃。

　　本書將會介紹許多充滿「不為人知祕訣」的美味食譜。

　　只要把食材組合搭配一下，口袋料理也會倍增。請一定要將這些做法簡單又容易反覆操作的中式料理，加進家中的日常菜色當中！

提昇廚藝就是
「變得更會做菜」

所謂的「廚藝」就是不看食譜也能做菜的能力。即使為了確認而將食譜放在手邊，可是一旦開始做菜就能一口氣完成，廚藝指的就是這種能力，而且能夠根據食譜自由地加以變化，像是更換食材、把醬油風味改成味噌風味、將沙拉油換成麻油以增添香氣等等，一道食譜就可以做出很多種變化，這代表我們擁有很多種口袋料理。

就算懵懵懂懂也能做出料理，但是「每次的味道都不同」、「味道表現不穩定」的原因，就是做菜方法為何要這麼做的切確理由，而了解這個理由就是提昇廚藝、變得更會做菜的捷徑。

本書每道料理都清楚明瞭地寫出了「為什麼要這麼做？」的廚藝提昇要點，而且針對這些「為什麼？」進行詳細的說明。

一邊理解一邊動手做，讓頭腦和雙手都對食譜習以為常，這種熟悉感本身才能開啟通往好廚藝的大門。因為附上了詳細的圖解步驟，所以就算是做菜的初學者也能一邊對照圖片，一邊學會做菜。本書將會介紹種類豐富的日式、西式、中式以及韓式的料理，讓您一口氣增加許多口袋料理。

因此，家人要求「再做一次」的料理，一定會愈來愈多。

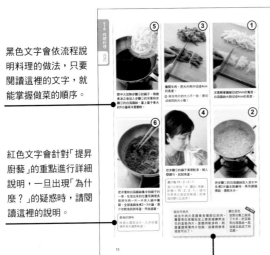

黑色文字會依流程說明料理的做法，只要閱讀這裡的文字，就能掌握做菜的順序。

紅色文字會針對「提昇廚藝」的重點進行詳細說明，一旦出現「為什麼？」的疑惑時，請閱讀這裡的說明。

MEMO是材料解說、食用方法、名稱由來以及變化菜色等，集合對料理稍有幫助的相關資料。

「廚藝UP小技巧」是在這道菜中希望各位掌握的要點，在這裡會簡單說明哪些地方是要點。

肉類料理

第 1 章

分量充足的肉類料理是最受家人喜愛的菜餚。

按牛肉、豬肉、雞肉,以及厚肉片、薄肉片、絞肉等不同種類,

都有實用的小訣竅,不容錯過!

還有如何不流失肉的鮮味、如何鎖住鮮味,

這些整合口味的方法也要學起來喔!

牛肉壽喜煮

靈活運用綜合肉片，做出人人都喜愛的柔和滋味。

材料(2人份)
綜合牛肉片…150g
洋蔥…80g
白蒟蒻絲…100g

A ┌ 水…3/4杯
　├ 醬油…2大匙
　├ 味醂…2大匙
　└ 砂糖…1大匙

熱量 310卡
料理時間 20分

廚藝UP小技巧

☑ 學會湯汁的比例。

☑ 試味道，了解湯汁的味道。

開中火加熱步驟④的鍋子，稍微煮滾之後加入步驟①的洋蔥和步驟②的白蒟蒻絲，蓋上蓋子煮大約5分鐘等洋蔥變軟。

⑤

⑥

把洋蔥和白蒟蒻絲集中到鍋子的一旁，在空出來的位置用調理長筷把牛肉一片一片夾入鍋中攤開，全部進鍋後煮2～3分鐘，湯汁收乾後試試味道，然後盛盤。

最後的調味
味道太濃就加水，太淡就繼續熬煮來調整味道。

③

攤開牛肉，把大片肉片切成4cm的長度。

✿ 綜合肉片的大小不一致，要切成相同的大小喔！

④

把步驟②的鍋子清理乾淨，倒入Ⓐ調勻，試試味道。

湯汁為 10：2：2：1
湯汁比例為「水：醬油：味醂：砂糖 = 10：2：2：1」。調勻和熬煮之後試試味道，把味道的變化記起來！

綜合牛肉片
綜合牛肉片是匯集各種部位的肉。壽喜煮在某種程度上需要選購帶油花的盒裝肉片，當瘦肉較多時，則盡量選擇薄肉片包裝，這樣稍微煮過就可以了。

①

洋蔥順著纖維切成5mm的寬度。白蒟蒻絲大致切成4cm的長度。

②

把步驟①的白蒟蒻絲放入滾水中汆燙2分鐘去除鹼味，再用網篩撈起、瀝乾水分。

變化菜色 MEMO
放到白飯上就成了牛丼；把豆腐和白蒟蒻絲一起加進去就成了肉豆腐。

照燒雞肉餅

表面焦香，裡面多汁，鹹甜的醬汁真是好吃的不得了。

材料（2人份）

雞絞肉（雞腿部分）…200g

A ┌ 鹽…1/3小匙（2g）
　└ 胡椒…少許

蔥（粗末）…10cm的分量（30g）

薑（切末）
　…1/2大拇指指節左右的分量（約7.5g）

醬汁
┌ 醬油…1又1/2大匙
│ 味醂…1又1/2大匙
│ 砂糖…1大匙
└ 水…1大匙

蘿蔔泥…100g

蛋黃…一顆蛋的分量

青紫蘇…4片

●麵粉、沙拉油

熱量 280卡

料理時間 20分

廚藝UP小技巧

☑ 掌握柔捏雞肉餅時
　 的鹽含量

☑ 學會煮出軟嫩肉餅
　 的訣竅。

☑ 學會醬汁的比例。

絞肉的菜色變化

揉捏的方式與事先調味的方式等等，重點都相同。

盤蒸肉

材料(2人份)

豬絞肉…200g

Ⓐ ┌鹽…1/3小匙（2g）
　└胡椒…少許

蔥(粗末)…10cm的量(30g)

鮮香菇(去蒂，切成5mm見方的丁狀)
　…2朵

薑(切末)…1/2個大拇指指節左右的
　　　　　分量（約7.5g）

醋醬油 ┌醋…1/2大匙
　　　 └醬油…1大匙

市售黃芥末…適量

●麵粉

熱量 250卡　料理時間 20分

①把豬絞肉放入大碗公，加入Ⓐ揉捏到產生黏性。

②和雞肉餅一樣，加2大匙的水和2小匙的麵粉以及蔥、香菇和薑揉捏。

③把豬絞肉用約1cm的厚度鋪在耐熱盤上，包上保鮮膜用微波爐（600W）加熱5分鐘，然後先調好醋醬油備用。

④等加熱的餘溫散去後，拿掉保鮮膜，淋上醋醬油，依個人喜好加上黃芥末。

品嚐方式
可以直接吃，也可以用紫蘇包著或沾蛋黃、蘿蔔泥品嚐。

變化菜色
尺寸做小一點可以當便當的配菜。

把1小匙的沙拉油倒入平底鍋，用中火加熱，把步驟③的肉擺上，大約煎2分鐘。

等表面都確實煎出焦色後，翻面蓋上鍋蓋，用小火加熱3分鐘左右，就可以關火起鍋。醬汁的材料要先調勻備用。

✪肉餅要澈底煎出焦色，才能用焦香來去除肉的腥味。

用廚房紙巾擦拭殘留在平底鍋中的油，倒入步驟⑤的醬汁，開中火，醬汁變濃稠後，把肉餅放回鍋中煮，讓肉餅沾滿醬汁後關火，盛盤附上蘿蔔泥、蛋黃和青紫蘇。

┌─────────────────┐
醬汁的比例為 3：3：2：2
醬汁比例為「醬油：味醂：
砂糖：水＝3：3：2：2」。
└─────────────────┘

把雞絞肉放入大碗公，加入Ⓐ揉捏到產生黏性。

┌─────────────────┐
鹽量是肉重量的1%
加進絞肉中揉捏的鹽量是肉重量的1%。肉不經過揉捏，即使加水，鹽也不會滲入，所以要仔細揉捏。
└─────────────────┘

產生黏性後，加2大匙的水和2小匙的麵粉揉捏，整體混合均勻後，再加入蔥和薑揉捏。

┌─────────────────┐
加大量的水和配料做出軟嫩感
加入水、麵粉還有大量配料就是做出軟嫩肉餅的訣竅。
└─────────────────┘

把步驟②的肉分成四等分，每份都做成厚度1cm左右的橢圓形。

清燉蔬菜雞肉

蔬菜吸取雞肉的鮮味，
是一道滋味清爽的燉菜

材料(2人份)

雞腿肉…150g
牛蒡…1條（100g）
紅蘿蔔…1根（130g）
四季豆…10～12根（70g）

A
- 高湯(參考P.48)…1又1/2杯
- 淡色醬油…1又1/2大匙
- 味醂…1又1/2大匙

熱量 250卡
料理時間 30分

廚藝UP小技巧

- ☑ 先汆燙較硬的蔬菜，讓所有食材在相同時間煮好。
- ☑ 稍微煮過就好的蔬菜要在不同的時間點放入。
- ☑ 澆淋湯汁讓食材順利入味。

③ 加入牛蒡和紅蘿蔔，再次煮滾後蓋上鍋蓋，用小火燉煮5分鐘。接著再加入嫩四季豆燉煮2分鐘。

①

牛蒡用菜刀刮去外皮，切成小一點的滾刀塊，泡水2分鐘。用滾水汆燙5分鐘後瀝乾水分。

牛蒡要先汆燙

煮牛蒡會產生浮沫，也比其他食材難熟，所以要先汆燙，把牛蒡先稍微煮過，才能和其他食材一起煮好。

④ 讓鍋子傾斜把高湯集中在一邊，然後加入 Ⓐ 的淡色醬油和味醂，在牛蒡和紅蘿蔔變軟之前，一邊不斷澆淋湯汁一邊煮7～8分鐘。

持續澆淋湯汁，不攪拌

因為攪拌容易讓食材煮散，所以不攪拌，而是不斷用湯勺等工具澆淋湯汁。

⑤ 試試湯汁的味道，若不夠鹹就加少許淡色醬油，若不夠甜就再加少許味醂調味。關火靜置一會兒，讓味道入味。

四季豆晚點再放，可以保持顏色和口感

做燉菜時，事先掌握各種蔬菜所需的火侯及其顏色變化，是相當重要的。

② 紅蘿蔔削皮，切成四等分後再切成小一點的滾刀塊；四季豆去絲，切成3cm的長度；雞肉切成3cm見方的塊狀，把Ⓐ的高湯在鍋中以中火煮滾後，放入雞肉，再次煮滾後轉小火，撈除浮沫。

酒蒸雞

味道清爽的酒蒸料理，搭配芥末美乃滋醬油真是美味。

材料（2人份）

帶皮雞胸肉…200g
小黃瓜…1根
蘿蔔苗…1包
Ⓐ ┌ 鹽…1/3小匙（2g）
　└ 胡椒…稍微多一點
芥末美乃滋醬油
┌ 美乃滋…2大匙
│ 醬油…1小匙
└ 市售芥末…1/4小匙
檸檬(切成瓣狀)…適量
●酒

熱量 260卡
料理時間 15分＊
＊不含雞肉燜煮時間

廚藝UP小技巧
☑ 知道抹鹽的分量。
☑ 用日本酒燜煮。

---

①

雞肉去皮、切去多餘脂肪後放在耐熱盤上，兩面多處用叉子插；小黃瓜斜切成5cm長的薄片，再重疊切成細絲；蘿蔔苗切去根部。

②

把Ⓐ抹在雞肉的兩面上，靜置5分鐘讓調味料充分滲入，然後先調好芥末美乃滋醬油的材料備用。

> **鹽量是肉重量的1%**
> 鹽的分量是肉重量的1%（這裡是2g）。

---

③

淋上3大匙的酒，輕輕包上保鮮膜，用微波爐（600W）加熱6分鐘後取出。

> **用日本酒的水分來燜煮**
> 用日本酒可以抑制腥味、提升鮮味，酒太少會燒焦，要特別注意！

④

靜置燜透，冷卻後切成5mm的薄片，和步驟①的小黃瓜與蘿蔔苗一同盛盤，附上步驟②的芥末美乃滋醬油。

✪ 把雞肉靜置用餘溫燜煮，就能慢慢熟透，煮好的雞肉會溫潤而不乾澀。

也可以用雞腿肉
也可以用雞腿肉完成這道菜，但放涼後會浮出些許油脂。

變化
可以像火腿一樣，用於三明治或中華涼麵。

MEMO

涼拌豬肉片

入味的蔬菜拌入水煮豬肉片，美味大升級。

材料（2人份）

豬里肌肉（涮涮鍋用）…150g

洋蔥…1/2個（90g）

紅蘿蔔…30g

A ┌ 醬油…2大匙
 ├ 水…2大匙
 └ 味醂…1大匙

B ┌ 水…2杯
 ├ 酒…1大匙
 └ 鹽…1小匙

醋橘…1/2顆

熱量 250卡

料理時間 15分

④

肉片變白就可以用篩網瀝乾水分。

- - - - - - - - - - - - - - - - - - - -

②

把🅐放入大碗公裡混合，加入步驟①的材料拌勻。

⭐先把蔬菜拌均勻，蔬菜會因醬油的鹽分而變得柔軟。

- - - - - - - - - - - - - - - - - - - -

廚藝UP小技巧

☑ 學會涮薄肉片的方法。

☑ 學會涼拌水煮肉片的方法。

⑤

趁熱加入步驟②的材料，快速混合均勻，依個人喜好擠上醋橘汁。

水煮後馬上放入涼拌的醬汁
肉經過一段時間後就會變得乾柴，所以要立刻放到醬汁裡喔！

③

把🅑放入鍋中開大火，煮滾後每次夾兩片豬肉攤開放入。

加入酒和鹽提升美味！
少量水煮可以維持水煮湯汁的溫度，加入酒和鹽，可以去除肉的腥味、保持鮮味。

①

洋蔥順著纖維切成細絲；紅蘿蔔切成4cm長的細絲。

洋蔥
在新鮮洋蔥上市的時期，一定要用新鮮洋蔥來做這道菜。

變化菜色
拌入沙拉醬做成西式也很好吃，或放入甜椒增添色彩。

MEMO

多明格拉斯漢堡排

用醬汁煮到裡面熟透，所以不會燒焦且口感鬆軟

材料（2人份）

漢堡排

- 牛豬混合絞肉…250g
- 洋蔥…1/4個（90g）
- 吐司…25g*
- 蛋汁…1/2顆蛋的分量
- 牛奶…1大匙
- 鹽…1/3小匙
- 胡椒…少許

醬汁

- 水…1/2杯
- 多明格拉斯醬(罐頭)…1/2(145g)**
- 番茄醬…2大匙
- 中濃醬汁***…1又1/2大匙

配菜

- 蜜汁紅蘿蔔（參考P.19）…適量
- 薯條（參考P.19）…適量

●沙拉油

熱量 480卡

料理時間 30分

＊法國麵包或是市售的生麵包粉也可以。

＊＊盡量選擇品質好的醬汁。
剩下的1/2罐只要冷凍保存即可。

＊＊＊伍斯特醬或豬排用醬汁也可以。

廚藝UP小技巧

- ☑ 用手作麵包粉會更美味。
- ☑ 選擇瘦肉多的絞肉。
- ☑ 把平底鍋預熱得恰到好處，煎出焦香的焦色。
- ☑ 蓋上鍋蓋，把漢堡排燜煮得鬆軟，這樣就不會失敗。

把洋蔥切成約3mm見方的末狀，太粗材料會無法聚合，太細則會出水，所以要注意。吐司可用食物調理機打碎，或用手撕成生麵包粉狀。

用手作麵包粉會更美味
要混進肉裡的麵包粉，建議使用吃起來好吃的吐司直接手作。因為可以冷凍保存，所以多做一點放著會很方便。或是把法國麵包泡水後擠乾，用手撕細後使用。

漢堡排要使用瘦肉多的肉
為了讓人有「吃肉」的實感，建議盡量使用油花少、瘦肉多的絞肉。若只能取得油花多的絞肉，可把一部分絞肉換成瘦牛肉薄片，切細碎後混合在一起。

油花多的絞肉

瘦肉多的絞肉

把步驟①的材料和其他漢堡排的材料放入大碗公混合均勻，注意不要過度揉捏，大致合成一塊時再分成二等分。

用雙手的手掌來回7～8次，把步驟②的二等分肉分別用投接球的方式拍掉空氣，作成橢圓形。中間會凸起來所以要稍微壓扁一點。

⭐ 為了讓火侯均勻傳達，側面要盡量做成垂直狀，就像牛排被俐落切割的形狀。

在平底鍋放入少許沙拉油，用中火加熱1分30秒左右，把步驟③的肉並排放入鍋中，每面分別煎2～3分鐘，讓兩面都呈現出漂亮的焦色。

預熱恰到好處，煎出焦香的焦色
平底鍋放油後如果沒有充分加熱，就會導致沾鍋讓形狀散開等失敗的情形。這個步驟並不是要把漢堡排裡面煎熟，而是要在兩面煎出焦香的焦色，鎖住肉的鮮味。

用廚房紙巾把油脂吸掉，但注意不要擦掉平底鍋上的肉汁或鮮味，然後加入醬汁材料，煮滾後轉小一點的中火，蓋上鍋蓋煮大約8分鐘，期間要把漢堡排上下翻面。

利用醬汁燜煮出鬆軟口感
因為是加醬汁蓋上鍋蓋燜煮，所以不用擔心肉會變硬，燜煮的時間稍長也沒關係。火太小就無法煮得鬆軟，所以要維持小一點的中火。醬汁如果煮得太乾可以加適量的熱水。

⑥ 盛盤附上配菜，調整醬汁濃稠度後淋上。

配菜的材料和作法

蜜汁紅蘿蔔
(方便製作的分量)

①把一根紅蘿蔔（130g）去蒂、削皮，粗的部分縱切成2～4塊，再從一端切成1.5cm的寬度。
②放入鍋中，加入2/3杯水和砂糖、奶油各2小匙及1/4小匙的鹽，用鋁箔紙當作落蓋蓋上，以小一點的中火煮約13分鐘。在湯汁幾乎快要沒有時拿掉鋁箔紙，收乾水分讓整體呈現漂亮光澤。冷掉了就再重新加熱。
熱量 130卡(全量)　料理時間 20分

薯條(方便製作的分量)

①把兩顆馬鈴薯（370g）削皮，切成1.2cm見方的條狀後泡水，再用篩子瀝乾水分。
②炸油用強一點的中火加熱到140℃（馬鈴薯放入後會靜靜冒泡的程度），放入步驟①的材料。開始劇烈冒泡後，大動作攪拌油鍋把薯條炸得酥脆，把油瀝乾後撒上適量的鹽。
熱量 380卡(全量)　料理時間 15分

嫩煎豬排

厚實的肉排也能煎得外脆內嫩，
用醬油來提味。

材料(2人份)

豬里肌肉（豬排用）···2片(280g)
事先調味

　┌ 鹽···比1/4小匙少一點(1.4g)*
　└ 胡椒···少許

　　┌ 白酒（或酒）···2大匙
Ⓐ　 水···2大匙
　　└ 醬油···2小匙

高麗菜···2片（約140g）
紫蘇···2〜3片

●麵粉、沙拉油

熱量 430卡
料理時間 15分 **

＊這裡包含醬汁的鹽分，
因此以肉重量的0.5%為基準。
＊＊不含肉退冰到室溫的時間。

廚藝UP小技巧

☑ 肉一定要退冰到室溫後再煎，防止中間沒
　 熟透。

☑ 嚴禁大火！平底鍋要預熱得恰到好處。

☑ 用中火慢慢煎，不要翻動。

☑ 加入水分，有效率地利用蒸氣的力量加熱。

20

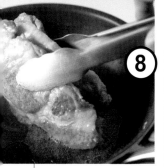

① 先把肉筋在多處切斷。 把菜刀尖端立起，對著筋由上而下咚咚咚地敲，這樣就不會切到肉只切斷筋，煎出來的豬排才會漂亮。

❇ 因為瘦肉和脂肪之間的筋在加熱後會大幅縮小，筋沒切斷就會造成肉排捲曲。

② 在肉的兩面都撒上事先調味用的鹽，靜置5～10分鐘讓肉退冰回到室溫。

煎之前先撒鹽，讓肉退冰回到室溫

如果肉還是冰冷的就直接煎，會導致中間煎不熟，或是外面煎過頭而變硬。撒鹽可以讓肉在回到室溫的同時一邊進行事先調味。

③ 高麗菜切成2～3等分，把紫蘇夾在高麗菜之間，重疊捲起來切絲。

④ 表面出水表示肉已經恢復到室溫，鹽分也已經滲入，用廚房紙巾輕按表面。

⑤ 撒上事先調味用的胡椒，再沾上薄薄的麵粉，把多餘的麵粉拍掉。

❇ 肉撒上麵粉後再煎，之後加入的調味料才容易沾附在肉排上。另外，因為表面形成薄薄的保護層，高溫不會直接接觸食材，所以能夠煎出軟嫩的肉排。

豬里肌肉

「里肌」指的是從肩膀根部到屁股前方這塊背側上橫幅很寬的部分。如果喜歡脂肪的美味就選擇靠肩側，如果喜歡清爽就選擇靠大腿那側。

⑥ 平底鍋放2小匙的沙拉油，用中火加熱約1分30秒，把擺盤時那面朝上的那面朝下，放入步驟⑤的肉。

平底鍋要預熱得恰到好處

如果是表面經過加工的平底鍋就在鍋中放油後再開火；如果是金屬製的鍋子就滴入少許的水，加熱到水變成滾動的水珠再加油。不要減少油量，多餘的油會在之後去除。

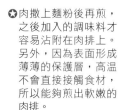

⑦ 不時搖晃鍋子，每面分別煎3分鐘左右，煎的時候不要太常觸碰肉排。煎出焦色且肉排開始冒出微微水珠時就是翻面的時機。

維持中火慢慢煎

如果翻面太多次或過度觸碰肉排，肉的鮮味就會出不來。所以要把兩面煎出焦色、鎖住肉汁。若火力太強，就只有表面會燒焦變硬但中間還是半生熟，因此要用中火慢慢煎。

⑧ 過程中如果肉排好像快要捲曲，就用料理剪刀把筋剪斷。等兩面都煎透後，夾起兩片肉排，讓側面的肥肉也煎出焦香的焦色。

⑨ 用廚房紙巾吸掉多餘的油脂（注意不要擦掉美味的肉汁或煎出的渣屑），加入Ⓐ。

加入水分，有效率地加熱

加入液狀調味料或水，煮滾後熱會透過水蒸氣一口氣傳遞到肉排裡，迅速把中間煎熟。

⑩ 輕輕攪拌附著在平底鍋上的肉汁，讓肉汁煮滾裹在肉排上。等肉汁稍微煮出濃稠度，就可以放上③的蔬菜一起擺盤，並淋上平底鍋中殘留的醬汁。

皮卡塔式嫩煎豬排

把油脂較少的腰內肉裹上蛋和起司的麵衣，讓豬肉煎得軟嫩。

材料(2人份)

豬的腰內肉（塊）⋯240g

事先調味

┌ 鹽⋯1/5小匙(1.2g)*
└ 胡椒⋯少許

Ⓐ ┌ 蛋⋯1顆
　　 起司粉⋯4大匙
　　└ 鹽、胡椒⋯各少許

個人喜歡的葉菜類⋯適量

● 麵粉、沙拉油

熱量 290卡　料理時間 15分＊＊

＊因為這裡有起司的鹽分，
所以用肉重量的0.5%為基準。
＊＊不含肉退冰到室溫的時間。

厨藝UP小技巧

☑ 肉一定要退冰到室溫後
　 再煎。

☑ 利用蛋和起司的麵衣，
　 讓火侯傳遞更柔和。

☑ 用中火預熱，再用小火
　 慢慢煎。

① 豬肉切成八等分，太厚就用手輕壓，讓每塊都厚1.5cm。在兩面撒上事先調味用的鹽，在室溫下靜置5～10分鐘。

為了用小火也能澈底煎熟，把肉退冰到室溫很重要
一如我們所想，豬的腰內肉是很容易煮熟的部位，要把裡面煎熟又保持美味多汁，一定要先把肉退冰到室溫。

② 把Ⓐ的材料放入大碗公拌勻。

麵衣用加入大量起司的蛋汁
要裹在肉上的蛋汁，加入起司粉後會變成濃稠的麵衣，可以讓火侯傳遞變得柔和，讓麵衣裡呈現燜煮狀態。

③ 把步驟①的肉用廚房紙巾壓乾表面滲出的水分，撒上事先調味用的胡椒。在肉的兩面撒上薄薄的麵粉並拍掉多餘的部分，同時盡量不要讓肉的側面沾到麵粉。

④ 平底鍋加入2小匙的沙拉油，用中火加熱後轉小火，把步驟③的肉裹上一層步驟②的麵衣後並排放進鍋中。

要注意別讓平底鍋過熱
用中火預熱1分鐘左右，以麵衣稍微脫落且凝固不燒焦為基準，如果過熱會導致裡面還是半生熟而麵衣卻已經燒焦。

⑤ 每面分別煎約4分鐘，要注意不要燒焦。肉的上面微微滲出血水且側面開始變白就是翻面的時機。

⑥ 等表面稍微出水、比生肉有彈性時就煎好了，加上自己喜歡的葉菜類擺盤。

皮卡塔式（Piccata）
在肉上撒上鹽和胡椒，然後裹上麵粉和蛋汁去煎的義式料理。

腰內肉 MEMO
肉類裡屬於脂肪較少、軟嫩的部位，也可以改用雞胸肉或雞柳。

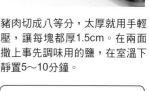

材料（ 2人份 ）

雞胸肉···1片（250g）

蛋汁*

┌ 蛋···1顆
│ 沙拉油···1大匙
│ 鹽···1/3小匙
└ 胡椒···少許

生麵包粉···適量

雙重番茄醬汁

┌ 番茄···一顆（100g）
A│ 番茄醬···2大匙
└ 中濃醬汁**···1小匙

●麵粉、炸油

熱量 390卡　料理時間 20分*

＊方便製作的分量。
＊＊伍斯特醬、豬排用醬汁也可以。
＊＊＊不含肉退冰到室溫的時間。

多汁炸雞排

把味道清淡且乾柴的雞胸肉變多汁！

廚藝UP小技巧

☑ 為了讓火侯能夠均勻傳遞到肉裡面，肉要退冰到室溫。

☑ 麵衣的蛋汁要用鹽和油調成濃郁的口味。

☑ 觀察油泡、聽聲音，注意不要炸過頭。

☑ 剛炸好的雞排先暫時靜置，不要馬上切。

24

① 雞肉去皮，切除多餘脂肪，再斜切成二等分的薄肉片。

② 帶皮側的纖維上劃入格子狀的刀痕，靜置5～10分鐘讓肉退冰到室溫。

在肉的纖維上劃出刀痕，退冰到室溫

為了讓裡面也能均勻熟透，油炸之前先退冰到室溫很重要。雞皮下纖維較韌的部分，一加熱就容易捲縮，因此先劃上刀痕，口感就會變好。

③ 將蛋汁的材料放入大碗公拌勻。

為麵衣的蛋汁調味

如果直接在肉上調味，麵衣會因為肉出水而變得溼軟、不好處理，所以讓蛋汁帶有濃郁的調味，可以使味道充分滲入整塊肉排。另外，蛋汁中加入油會在肉外圍形成一層油膜，當麵衣內部的溫度升高，也會有炸得酥脆的效果。

在步驟②的肉上撒上薄薄的麵粉，然後拍掉多餘的粉。過一下步驟③的蛋汁，再裹上大量的麵包粉，直接靜置3～5分鐘讓麵衣穩定附著，不需拍掉過多的部份。

✪ 炸雞排的麵衣建議用生麵包粉。放進炸油時，因為麵包粉中的水分會一口氣釋放出來，所以麵衣會酥脆地立起來。

⑤ 開中火把炸油加熱到170℃（放入一些麵包粉會馬上起泡的程度）。把步驟④的麵包粉輕拍後放入油鍋，等原本劇烈冒出的油泡（上圖）稍微安定後（下圖），讓肉炸起來有點像在油海裡游動的樣子。

注意炸油的泡泡！

一開始會因為劇烈冒出的油泡而看不見炸雞排，但就這樣稍待一會，等看見雞排後就用夾子之類的工具讓雞排輕輕游動。

⑥ 把火稍微轉強並上下翻面，等泡泡變小開始發出劈哩啪啦的聲音時，趁雞排還沒流失更多肉汁前，趕快把雞排取出瀝油。

注意不要炸過頭！

在後半稍微把火調大，可以把雞排炸得酥脆。出現像金屬聲一樣的劈哩啪啦堅硬聲響時，是水氣開始從食材中釋放出來的訊號。起鍋時如果肉內保有的水分因接觸到空氣而發出「啾！」的聲音，那就無懈可擊了。

⑦ 靜置4～5分鐘，讓熱度遍及整塊雞排。趁等待時製作雙重番茄醬汁，番茄去蒂，切成1cm見方的丁狀後加入Ⓐ拌勻。

稍微靜置讓炸雞排安定下來

剛起鍋的炸雞排最好並排在放了網子且鋪上廚房紙巾的鐵盤裡，或以不重疊的方式直立擺放瀝油。不要馬上切，先靜置，讓肉汁安定下來，同時讓熱度遍及整塊雞排。

⑧ 把炸雞排切成方便食用的大小，淋上雙重番茄醬汁。

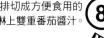

麵包粉

生麵包粉如果沒用完可以冷凍保存。如果沒有生麵包粉，也可以把乾燥的麵包粉用噴霧器噴濕。

中式薑汁燒肉

使用中式調味料提味，讓薑汁燒肉多了一點不同的風味。

廚藝UP小技巧

- ☑ 不可以直接用冰冷的肉！一定要退冰到室溫。
- ☑ 用中式調味料打破味覺印象！
- ☑ 用小一點的中火將兩面仔細煎熟。

平底鍋放少許沙拉油用中火充分加熱，接著將火稍微轉小，把步驟②的肉片攤開放入，單面煎出焦色後翻面，反面也要煎過。

用小一點的中火仔細煎過

如果火太大調味料會燒焦、肉會變硬，因此要特別注意。兩面要分別仔細煎出焦色，不要經常翻面。

把醃料的調味料抹在肉上讓它入味。

用中式調味料打破味覺印象

用甜麵醬與豆瓣醬調成味道香醇又具衝擊性的醃料，看起來雖然和平常的薑汁燒肉一樣，但讓人驚艷的風味卻完全不同。

材料(2人份)

豬里肌肉(薑汁燒肉用)…6片(140g)

醃料

┌ 甜麵醬、酒、麻油…各1大匙
└ 豆瓣醬…1/2小匙

Ⓐ ┌ 水…3大匙
│ 酒…1大匙
└ 醬油…1小匙

薑泥…1又1/2大匙

(約2個大拇指指節左右的分量)

洋蔥、萵苣…各50g

● 沙拉油

熱量 300卡
料理時間 15分＊
＊不含肉退冰到室溫的時間。

加入Ⓐ，煮滾後加入薑泥，讓肉片裹上醬汁，醬汁收乾後就可在鋪有步驟③的蔬菜器具上擺盤。

甜麵醬

以麵粉為原料的中式甜味噌，可以用於回鍋肉（味噌炒高麗菜豬肉）等菜餚的基底調味。

洋蔥、萵苣切絲泡水，等變得爽脆後瀝乾水分。

MEMO

把豬肉從冰箱取出退冰到室溫；將醃料的調味料調勻。

不可使用剛從冰箱拿出來的肉！

為了讓肉在短時間內熟透並保持多汁，一定要退冰到室溫後再使用，尤其是用於薑汁燒肉這種有厚度的肉片，如果在冷藏狀態下直接煎，肉就會出水而無法煎得焦脆，反而會變硬。

檸檬糖醋豬

檸檬和番茄的酸味也很清爽，全新感受的糖醋豬。

材料(2人份)

豬五花肉（薄片）…130g

醃料
- 酒…1大匙
- 醬油…1小匙
- 黑胡椒（粗粒）…適量
- 太白粉…1小匙

番茄…1/2顆（90g）

檸檬（國產）…1/4個（30g）

洋蔥…60g

豌豆莢…4個

A
- 砂糖、酒…各2大匙
- 醬油…1小匙
- 鹽…一小搓

●沙拉油

熱量 350卡

料理時間 20分＊

＊不含肉退冰到室溫的時間。

廚藝UP小技巧

- ☑ 肉一定要退冰到室溫，一片一片分開再切。
- ☑ 讓醃料充分入味，再裹上太白粉。
- ☑ 活用番茄和檸檬的酸味。
- ☑ 嚴禁大火與過度拌炒。

加入步驟③的蔬菜快炒,再加入1/4杯的水,煮滾後加入Ⓐ的調味料。

從鍋底大動作地撈起拌勻,出現濃稠感後就可以盛盤。

豬肉
建議使用油花多的五花肉。

檸檬
進口的要把外皮仔細洗淨再使用。

番茄切成四等分的瓣狀,切除蒂頭,菜刀切入皮和果肉之間去皮,再橫向切成四等分;檸檬切去蒂頭和中心的白色部分,再切成7~8mm厚的扇形;洋蔥切成小一點的滾刀塊;豌豆莢去掉蒂頭和絲,斜切成兩半。

番茄和檸檬讓滋味清爽

這道菜用番茄和檸檬的酸味代替調味料,減輕肉的油膩感。番茄去皮提升口感,種子和果汁則是活用在調味上。

平底鍋加少許沙拉油,用中火充分加熱,接著將火稍微轉小,把步驟②的肉攤開放入,單面煎出焦色後翻面,反面也要煎。

④

嚴禁大火與過度拌炒

平底鍋和油預熱得恰到好處,拌炒時用小一點的中火就足夠,若用大火肉會變硬。雖說是「炒」,但不是慌張地攪拌,一開始要像在「煎」肉的感覺。

豬肉從冰箱取出,退冰到室溫,一片一片分開,切成2~3cm寬。

肉要退冰到室溫,剝開後再切

肉一定要退冰到室溫。薄肉片如果重疊、黏在一塊,醃料就無法均勻入味,要一片一片分開再切。

把步驟①的肉用醃料的材料依序抓醃,最後加入太白粉,撒在所有肉片上。

裹上一層太白粉

讓炒菜的肉確實醃入味,最後撒上太白粉,鎖住美味,起鍋時帶著勾芡,使整道菜的味道一致。

材料(2人份)
雞腿肉…1片（280g）
醃料
┌ 鹽…1小搓
│ 黑胡椒（粗粒）…適量
│ 酒…1大匙
└ 太白粉…1大匙
青江菜…1/2株（80g）
A ┌ 鹽…1/2小匙
  └ 黑胡椒（粗粒）…適量
●沙拉油

熱量 360卡　料理時間 15分

鹽炒青江菜雞肉

用燜煮讓雞腿肉呈現軟嫩的口感。

廚藝UP小技巧

☑ 雞肉切成相同的厚度和大小。

☑ 撒上太白粉，鎖住肉汁、提升口感。

☑ 加水燜煮變軟嫩。

☑ 讓蔬菜吸收肉的鮮味，湯汁收乾後就完成。

加入3/4杯的水，蓋上鍋蓋把雞肉煮熟。

加水燜煮變軟嫩！
拌炒加上燜煮，讓肉裡面不會出現半生熟的失敗情形。

燜煮約1分鐘後加入青江菜，再蓋上蓋子。葉片軟了之後打開蓋子，撒上Ⓐ調味。把火稍微加大，搖晃平底鍋讓湯汁收乾就完成了。

讓蔬菜吸收肉的鮮味
讓青江菜吸收肉的鮮味之後，就可以讓湯汁在加速收乾的同時裹上全部食材，因為一開始有抹上太白粉的關係，所以帶點勾芡讓整道菜的味道一致。

青菜 MEMO
也可以使用小松菜之類的葉菜類來代替青江菜。

把步驟①的肉依序加入醃料抓醃，最後全部撒上太白粉。

裹上一層太白粉
醃料使用多一點黑胡椒，撒上太白粉，可保持雞肉多汁，同時提升口感。

平底鍋放1大匙的沙拉油用中火充分加熱，把雞肉帶皮面朝下放進鍋中，等皮煎到焦脆後翻面，另一面也快速煎過。

⭐ 雞肉放入鍋中後不要馬上攪拌，先慢慢煎雞皮，目的是為了讓表面煎出焦香的顏色，所以裡面沒熟透也OK。

用菜刀切開雞肉較厚的部分，讓厚度平均後再切成一口大小。

切成相同的厚度和大小，讓雞肉均勻熟透
為了不讓雞肉留有半生熟的部分，切成相同的厚度和大小很重要，用菜刀斜切讓雞肉變得平整。

青江菜橫切成四等分，根部的莖再縱切成四塊。

簡易香蔥叉燒

即使是豬肉切片，只要確實醃漬入味就是道地的口味。

材料（2人份）
豬腰內肉(塊)…180g
醃料
┌ 醬油…3大匙
│ 砂糖…2大匙
│ 麻油…1大匙
└ 五香粉＊…少許
蔥…1/2根（40g）
醬汁
┌ 醬油…1大匙
│ 醋、麻油…各1小匙
└ 辣油…1/2小匙
香菜（如果有的話）…少許
●沙拉油

熱量 260卡　料理時間 15分＊＊
＊中國的綜合香料，
由八角、肉桂等粉末調合而成。
＊＊不含事前醃肉的時間。

廚藝UP小技巧

☑ 選擇稍微煎過就會熟透的瘦
　 肉部位！

☑ 事先醃漬，等肉裡面也退冰
　 到室溫，讓味道滲透入味。

☑ 用小火煎腰內肉，迅速吸去
　 水分！

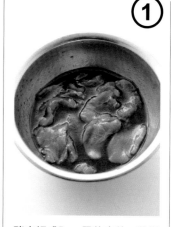

⑤

降溫到手可以觸摸的溫度後,切成7～8mm寬的肉絲。也可以切和蔥分別盛裝。

③

平底鍋用小火加熱,倒入薄薄一層沙拉油讓油吃進鍋子裡。把步驟①的肉瀝乾醃料後並排擺入鍋中,一邊煎一邊用廚房紙巾把肉片滲出的汁液擦乾。

> **一邊吸去汁液一邊用小火煎**
>
> 為了把肉片煎得柔軟而不焦,要用小火。如果不管肉片滲出來的汁液,就會變得像在煮肉,所以要用廚房紙巾吸去汁液,迅速地煎出焦色!

①

豬肉切成5mm厚的肉片,用調味醃料抓醃過,在室溫下放置3小時。

> **在室溫下確實醃漬入味**
>
> 因為只要表面稍微煎過就可以完成,所以要選擇腰內肉、大腿肉等油花少的部位。和使用肉塊製作叉燒一樣,在退冰到室溫的同時讓它慢慢醃漬入味。

⑥

在大碗公內把醬汁的材料調勻,加入步驟②和步驟⑤的部分,略為攪拌即可盛盤,加上香菜。

④

煎出焦色後翻面,反面同樣快速煎過就可以起鍋。

⊕ 豬肉只要煎表面就OK!因為裡面打算用餘溫來完成,所以沒關係,要避免煎過頭。

②

蔥較細就直接使用,較粗就縱切成兩半再斜切成細絲泡水。用手輕輕揉洗出辛味,變得爽脆之後將水分確實瀝乾。

腰內肉
屬於瘦肉的腰內肉是容易熟透的部位,也可以準備一口豬排用的腿肉或豬排用的里肌肉。

品嚐方式
不拌醬汁也好吃,也很推薦當作沙拉或炒飯的配料。

MEMO

泡菜豬肉

靈活運用白菜泡菜充滿鮮味的醃漬汁。

廚藝UP小技巧

- ☑ 使用整棵醃漬的泡菜，實際感受「泡菜醬汁」的威力！
- ☑ 肉的事先調味很重要。
- ☑ 泡菜越加熱越鮮美。
- ☑ 蓋上鍋蓋慢慢燜煮，不要焦急。

材料(2人份)

豬五花肉(薄片)…150g

白菜泡菜(市售)…150g

洋蔥…1/2個

豆芽菜…100g

Ⓐ
- 酒…2大匙
- 醬油…1大匙
- 砂糖…1/2小匙

● 鹽、胡椒、麻油

熱量 430卡
料理時間 20分

加入Ⓐ，把整體炒勻。

😊想要慢慢加熱的時候，調味料要最後再放，因為那是造成燒焦的原因之一。

加入步驟①的泡菜醬汁，轉大火炒勻就完成。 ⑥

😊泡菜醬汁就是要用在這裡！泡菜醬汁是鮮味的寶庫，要用在最後的調味。

白菜泡菜 MEMO
市售泡菜有分切成方便食用大小的切段醃漬類型，以及還留有根部的整棵醃漬類型，這裡使用整棵醃漬類型。

平底鍋加1大匙的麻油用中火加熱，擺入豬肉，變色且跑出油脂後加入洋蔥拌炒，洋蔥變軟後再加入泡菜確實地炒勻。

豬肉和洋蔥都要仔細拌炒
經過仔細拌炒會更美味。

加入豆芽菜，蓋上鍋蓋燜煮3分鐘左右。

蓋上鍋蓋加熱，食材濕潤不乾柴
蓋上鍋蓋用燜煮的方式確實加熱，可以帶出泡菜的鮮味，並將所有食材煮得濕潤不乾柴，這就是美味之處。

白菜泡菜切成方便食用的大小，先舀出2～3大匙的醃漬醬汁(泡菜醬汁)。

泡菜要使用整棵醃漬的
泡菜的醃漬醬汁會化身為調味料大顯身手！記得購買內含許多醃漬醬汁的整棵醃漬泡菜喔！

豬肉切成3～4等分，用少許的鹽及胡椒事先調味。洋蔥切成7～8mm寬的瓣狀。

豬肉用鹽、胡椒事先調味！
如果是不使用醬汁的料理，炒之前先用鹽、胡椒確實調味很重要。

達卡比

雞肉之外還有大量蔬菜，
以韓國辣醬為基底，非常下飯。

材料(2人份)

雞腿肉…一片
番薯…1/2條
洋蔥…1/2顆
高麗菜…（小）1/2顆
荏胡麻葉…5〜6片

醃醬

> 韓國辣醬、酒…各2大匙
> 醬油、砂糖…各1大匙
> 薑（磨成泥）
> …1/2大拇指指節左右
> 的分量（約7.5g）

大蒜（磨成泥）
…1/2瓣的分量

● 麻油

熱量 470卡
料理時間 15分 *
＊不含醬料醃漬的時間。

廚藝UP小技巧

☑ 學會以韓國辣醬為基底的
醃醬（藥念）做法。

☑ 掌握蓋上鍋蓋慢慢加熱的
平底鍋「堆疊燜煮」技巧。

☑ 醃醬在事前調味和最後起
鍋的雙重運用是重點所在。

⑤

把步驟④剩下的醃醬加入鍋中拌炒，再放入撕成小片的荏胡麻葉，混合後就可以盛盤。

在最後起鍋前加入醃醬

因為要讓食材慢慢煮熟，而以韓國辣醬為基底的醃醬容易燒焦，所以要最後再加入。醃醬因為運用二次在事前調味與最後調味上，因此能充分入味。

達卡比 MEMO

達卡比是韓文音譯，「達」指的是雞肉，「卡比」指的是肋骨或排骨。所以意思是把雞肉用以韓國辣醬為基底的醬汁來煎煮的料理。

荏胡麻葉

紫蘇科的一年草本植物，比青紫蘇大上一圈，葉肉厚、有彈性，有著獨特的風味。

韓國辣醬

將韓國產的辣椒、糯米、麴、麥芽粉等材料混合後，經發酵熟成的調味料，是韓國的甜辣味噌。

變化菜色

加入香菇的話，可以進一步增加分量。

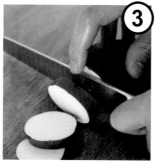

③

把帶皮番薯切成5mm厚的圓片；洋蔥切成7～8mm寬的瓣狀；高麗菜用手撕成方便入口的大小。

---

④

平底鍋內倒入1大匙的麻油用中火加熱，把番薯、洋蔥、高麗菜依序堆疊放入鍋中，雞肉瀝除多餘醬汁後放上，瀝除的多餘醬汁先另外保留，蓋上鍋蓋燜煮5分鐘左右。待雞肉熟了之後打開鍋蓋，大致攪拌讓上方的食材混勻。

利用堆疊燜煮的方式慢慢煮熟！

在韓國會用鐵板花時間慢慢拌炒，而用平底鍋輕鬆煮得美味的訣竅就在於，從較硬的蔬菜開始堆疊到雞肉的燜煮方式。

保留瀝除的多餘醬汁。

①

混合醃醬的材料。

醃醬是以韓國味噌為基底

韓國把混合調味料稱為「藥念」，這裡把它當作醃醬來使用。達卡比的獨特甜辣口味是以韓國料理的味噌──韓國辣醬──為基底。雖然只是將材料混合在一起，但吃出雞肉美味的祕訣就在這。

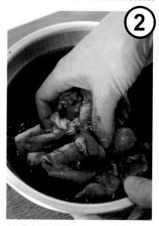

②

把雞肉切成稍大的一口大小，加入步驟①的醃醬仔細抓醃後，靜置約10分鐘。

讓雞肉裹上醬料變得多汁

達卡比是一道品嚐雞肉美味的料理，把雞肉切得稍大來凸顯存在感。把醬料抓醃入味，預防雞肉變得乾柴。

韓國烤肉

用甜辣的口味邊炒邊煮牛肉和豐富的蔬菜。

材料（2人份）

牛肉片…150g
洋蔥…1/2顆
鮮香菇…3朵
紅甜椒…1/2顆
細蔥…3〜4根

醃醬

醬油…1又1/2大匙
酒…2大匙
辣椒粉（中等粗度）、白芝麻、
砂糖、麻油…各1大匙
大蒜（磨成泥）
…1/2大拇指指節左右的
分量（約7.5g）
薑（磨成泥）…1/2瓣的分量

熱量 380卡　料理時間 15分＊

＊不含醬料醃漬的時間。

把步驟③的材料連同醃醬一起放入平底鍋中，開中火。加入2大匙左右的水，慢慢地一邊炒一邊煮。

記住邊炒邊煮的感覺
加水連同醃醬和蔬菜的水分一同慢慢地又炒又煮，最後會有異於炒菜的濕潤口感。

把步驟①的材料放入大碗公，再放入牛肉和步驟②裡細蔥以外的食材混合均勻，靜置5分鐘左右。

讓牛肉和蔬菜澈底裹上醃醬！
像這樣先把肉和蔬菜混合均勻，拌炒時蔬菜會形成緩衝，讓牛肉得以溫和地受熱。

等牛肉熟透、所有食材都入味後，轉大火搖晃平底鍋即完成，最後撒上細蔥大致拌炒一下就可以盛盤。

洋蔥縱切成細絲；香菇切除菇腳再縱切成1cm的寬度；紅甜椒切成5mm寬；細蔥切成5cm的蔥段。

☆為了使蔬菜能夠均勻受熱，要全部處理成相同大小。

辣椒粉（中等粗度）
韓國產紅辣椒經過乾燥處理再磨成粉末。辣味比日本的一味辣椒粉溫和，還帶有甘甜味。依不同研磨方式而有許多種類，中等粗度用起來方便。

廚藝UP小技巧

☑ 韓國料理特有的醃醬（藥念）是決定味道的關鍵。

☑ 因為肉和蔬菜同時裹上醃醬，所以做法簡單。

☑ 記住「邊炒邊煮」時把食材慢慢煮熟的感覺。

準備醃醬的材料。

以醬油為基底的醃醬是韓國烤肉的關鍵
韓國烤肉的「藥念」是以醬油為基底。韓國產紅辣椒以甘甜、溫和的辣味為特徵，在一般料理也常使用的調味料中，加入由韓國產紅辣椒磨成中等粗度的辣椒粉，就能瞬間變成韓國風！

變化菜色
肉改用薄豬肉片或絞肉也OK，也很推薦把磨成泥的蘋果加到醃醬裡。

辣牛肉湯

加了泡菜的牛肉蔬菜湯。

☑ 想像一下切成細絲的
食材和辣湯交融在一
起的模樣。

☑ 有了牛肉和泡菜的美
味就所向無敵！

☑ 用大火煮到咕嚕咕嚕
地滾是做辣牛肉湯的
規定！

材料(2人份)

牛排骨肉（燒肉用）…120g

白菜泡菜…100g

鮮香菇…兩朵

紅甜椒…1/2顆

水煮紫萁(如果有的話)…50g

細蔥…2～3根

豆芽菜…100g

大蒜（切末）…2瓣的分量

調合調味料

┌ 酒、白芝麻…各2大匙

└ 醬油、韓國辣醬

…各1又1/2大匙

●麻油、鹽、黑胡椒(粗粒)

熱量 410卡

料理時間 25分

倒入3又1/2杯的水，用大火煮滾。

用大火煮到咕嚕咕嚕地滾，
美味瞬間濃縮

「用大火煮到咕嚕咕嚕地滾」
是做辣牛肉湯的首要重點。
大膽地把湯煮滾，這樣湯的
鮮味才會不斷釋放出來。

煮滾後去掉浮沫，放入香菇、紅
甜椒、紫萁、豆芽菜，用小一點
的中火燉煮10分鐘左右，再加入
細蔥。

試味道，
用少許的
鹽和黑胡
椒調味。

鍋中加入1/2大匙的麻油用中火
加熱，大蒜爆香，等到飄出香味
再加入牛肉和泡菜一起拌炒。

把牛肉和泡菜炒出香味

煮之前先用麻油拌炒牛肉和
泡菜，帶出泡菜的香氣，讓
牛肉的鮮味容易煮出。

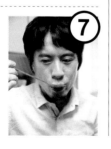

肉變色後加入步驟②的調味料
拌炒。

牛肉切成1cm寬的肉絲；白菜泡
菜也同樣切成1cm寬的條狀；香
菇切去菇腳再切成1cm寬；紅甜
椒縱切成細條；水煮紫萁略洗後
切成方便食用的長度；細蔥切成
5cm長的蔥段。

牛肉切成肉絲

牛肉等食材切成細條，這麼一
來湯和食材就會交融在一起。

將調合調味料混合。

品嚐方式
搭配白飯一起享用吧！

肉類的複習

油花多的絞肉　　瘦肉多的絞肉

絞肉

油花少、瘦肉多的肉給人「我在吃肉」的實感。若無法取得瘦肉，可將一部分的絞肉換成牛肉的瘦肉薄片，把肉片切細碎後混合在一起。→P.19

靠近肩膀的肉

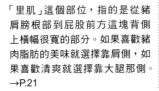

靠近大腿的肉

豬里肌肉

「里肌」這個部位，指的是從豬肩膀根部到屁股前方這塊背側上橫幅很寬的部分。如果喜歡豬肉脂肪的美味就選擇靠肩側，如果喜歡清爽就選擇靠大腿那側。→P.21

綜合牛肉片

綜合牛肉片匯集了各種部位的肉，要做日式燉菜時，就選擇油花較多的盒裝肉吧！如果不是就盡量使用裡面是薄肉片的盒裝肉。→P.11

汆燙

在鍋中煮沸大量的熱水，把肉放入略煮，這就是稱為「霜降」的汆燙。汆燙可以去掉表面的雜質和髒汙。→P.97、P.125

讓厚度平均

雞腿肉比較厚的部分用菜刀斜切，讓雞肉變平整，平整的厚度可以讓火候平均傳達。→P.31

斷筋

瘦肉和脂肪中間的筋一加熱就會大幅縮小，肉會因此捲縮。把菜刀尖端立起，對著筋由上而下咚咚咚地敲，就能把筋切斷。→P.21

魚類料理

第 2 章

為了讓大家能輕鬆製作，魚類料理會以魚身切片為主。
不僅有日式，還有西式、中式及韓式，
全都是下飯的美味菜餚。
把抑制魚腥味和提鮮的訣竅都學起來吧！
還可以應用在各種不同的海鮮上，充滿吸引力。

味噌酒粕醃銀鱈

醃料裡的酒粕能增添醇厚感、抑制魚腥味。

廚藝UP小技巧

☑ 醃漬前先撒鹽逼出水分。

☑ 學會醃料裡的調味料比例。

☑ 把味噌洗去避免燒焦。

材料(2人份)

銀鱈…2片（200g）

醃料

┌ 酒粕（片狀）…30g

│ 味噌…2大匙

│ 味醂…1大匙

└ 砂糖…1大匙

青辣椒…4根

● 鹽

熱量 250卡

料理時間 20分*

*不含冷藏時間。

掀開保鮮膜，取出銀鱈，水洗後
擦乾水分。

洗去表面的味噌
味噌如果附著在魚身表面，會
容易燒焦，所以要洗乾淨！

把步驟①的酒粕放入大碗公，加
入其它醃料的調味料充分拌勻。

比例是 2：1：1
醃料的調味料比例是「味噌：
味醂：砂糖＝2：1：1」。

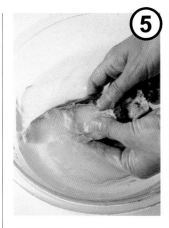

把醃料的酒粕浸到溫水裡放置10
分鐘左右，變軟後瀝乾水分。

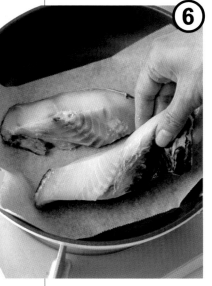

銀鱈撒上1/3小匙的鹽放置10分
鐘左右，再擦乾水分。

撒鹽的分量是魚片重量的1%
如果直接用味噌醃魚片會讓
味噌變稀，所以要撒鹽把水
分逼出來！鹽的分量是魚重
量的1%（這裡2g＝1/3小
匙）。

平底鍋鋪上烘焙紙，擺上步驟⑤
的銀鱈與青辣椒，蓋上鍋蓋後開
小火，青辣椒煎2分鐘左右就先
起鍋。銀鱈煎出焦色後翻面，總
共煎6～7分鐘，然後和青辣椒一
起盛盤。

在保鮮膜上方塗上一半步驟③的
醃料，接著放上步驟②的銀鱈，
再把步驟③剩下的醃料塗在上
面，用保鮮膜包起來放置一晚，
冷藏可保存2～3天。

MEMO
變化菜色
因為魚肉用味噌醃漬會出水，肉也會變
硬，所以建議使用鮭魚或鱈魚等肉身柔
軟的魚，另外，也可以用豬肉。

☑ 沙丁魚不剖肚，維持
　 圓筒狀。

☑ 沙丁魚放入鍋中後就
　 不再移動。

☑ 澆淋湯汁後蓋上落蓋。

和風紅燒沙丁魚

充滿薑的清香，是一道甜鹹口味的經典菜色。

材料(2人份)

沙丁魚…4條（1條約80～90g）
薑（帶皮／薄片）
　…1個大拇指指節
　　　左右的分量（約15g）
湯汁
┌ 水…3/4杯
│ 醬油…2大匙
│ 砂糖…1又1/2大匙
└ 酒…1大匙

熱量 260卡
料理時間 20分

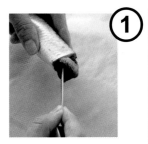

① 沙丁魚去鱗，把頭部連同胸鰭一起切掉，用湯匙柄把內臟從切口掏出來，水洗後擦乾水分。在魚肉較厚的部分劃上2條刀痕。

不剖肚，維持圓筒狀
若以剖肚的方式取出內臟，會在煮沙丁魚時因為皮緊縮而敞開腹部，看起來不美觀，所以從切口掏出內臟吧！

---

② 把湯汁倒入淺鍋中開火，煮滾後把沙丁魚並排放入並加入薑。

不要移動沙丁魚
把沙丁魚盛盤時的正面朝上放入鍋中，因為魚肉會散開，所以煮的時後不翻面，改用淺鍋或小平底鍋，在盛盤時容易把魚撈起，魚肉也不會散開。

MEMO

沙丁魚
如果是 100g 以上的大小，也可以 1 條作為 1 人份。

③ 在沙丁魚上澆淋一次湯汁後，放上用水沾濕的落蓋，用中火燉煮10分鐘左右，湯汁變濃稠後隨即關火，盛盤後擺上薑，自上方淋上湯汁。

淋上湯汁後再蓋上落蓋
一旦淋上湯汁，沙丁魚的表面就會變硬，落蓋就不會沾黏。

① 鱈魚去骨切成三等分，抹上1小匙的醬油後靜置5分鐘。

② 紅蘿蔔削皮切薄片，再切成2mm寬的細絲；蔥切絲；金針菇切掉根部，橫切成二等分後撥散。

切成細絲提升口感！
蔬菜切成一致的細絲，不僅美觀還能提升口感。

材料（2人份）

新鮮鱈魚(切片)…2片（170g）
紅蘿蔔…1/4根（40g）
蔥…4cm
金針菇…50g
高湯（參考P.84）…1杯
Ⓐ ┌ 太白粉…1/2大匙
└ 水…1大匙
柚子皮（切絲）…少許
●醬油、太白粉、沙拉油、淡色醬油、味醂

熱量 170卡
料理時間 20分

③ 平底鍋加1大匙沙拉油加熱，把步驟①的鱈魚抹上一層薄薄的太白粉後，擺進鍋裡用小火煎。煎出焦色後翻面，同樣用小火煎。

用太白粉煎得酥脆
抹太白粉可以把表面煎得香脆，這種做法比油炸還來得輕鬆簡單。

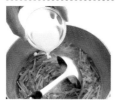

④ 把高湯、紅蘿蔔、金針菇放入鍋中煮滾，蓋上鍋蓋用小火煮5～6分鐘，煮到紅蘿蔔變軟為止。然後加入2小匙的淡色醬油與1小匙的味醂，拌勻後加入Ⓐ勾芡，出現濃稠感後加蔥進去。

勾芡時要一邊攪拌一邊一點一點地放
勾芡的訣竅是用繞圈的方式一點一點地倒入太白粉水，而不是一次全倒。用湯勺之類的一邊攪拌一邊倒，就可以勾出不結塊又滑順的芡汁。

⑤ 把步驟③的鱈魚盛盤並淋上步驟④的芡汁，最後再放上柚子皮。

廚藝UP小技巧

☑ 用切絲的蔬菜做出口感佳的蔬菜芡汁。

☑ 鱈魚不油炸，而是抹上太白粉煎得酥脆。

☑ 學會勾出不結塊的芡汁。

變化菜色
把蔬菜芡汁淋在炸豆腐或魚糕上也很好吃。

MEMO

鮮蔬燴鱈魚

清淡的鱈魚包裹著濃稠芡汁也變得好入口。

魷魚豆腐

豆腐蘊藏來自魷魚的鮮味，美味極了。

廚藝UP小技巧

☑ 學會湯汁的比例。

☑ 魷魚要在短時間內煮好。

☑ 關火後，稍微靜置讓味道入味。

48

⑤

一邊澆淋湯汁一邊用小火煮5分鐘，然後放入分蔥，煮1分鐘後關火。

海鮮注意不要煮過頭
海鮮加熱時間過長會變硬，是口感乾柴的原因，要在短時間內煮得恰到好處，祕訣在於使用少一點的湯汁分量，在關火前也別忘了試味道。

靜置10分鐘左右，盛盤後再放上薑絲。 **⑥**

讓味道澈底入味
味道會在冷卻時澈底入味，所以要在關火後稍微靜置冷卻，雖然只有一下子，但湯汁就會滲進豆腐和魷魚裡。

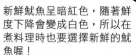

魷魚
新鮮魷魚呈暗紅色，隨著鮮度下降會變成白色，所以在煮料理時也要選擇新鮮的魷魚喔！

薑
薑也可以在煮的時後一起加入，不用等到完成時才添加。

②

把步驟①的魷魚水洗後擦乾，身體切成7～8mm寬的圈狀，腳一根一根切開，鰭也切成切成7～8mm寬。

✿ 魷魚切細可以沾上很多湯汁，口感也會變得柔軟。

豆腐縱切成兩半，從一端邊緣開始切成2cm的寬度；分蔥斜切成5cm長的薄蔥段；薑削皮切絲後，泡水瀝乾。 **③**

④

鍋中倒入湯汁後開火，等煮滾後放入豆腐和魷魚。

湯汁為 20：4：3：2
湯汁的比例為「水：醬油：砂糖：酒＝20：4：3：2」。豆腐會大量出水，所以湯汁要調濃一點，豆腐出了多少水，就會乖乖吸進多少湯汁。

材料(2人份)
北魷…1尾
木棉豆腐…1塊（300g）
分蔥…2根
薑…1個大拇指指節
　　　左右的分量（約15g）
湯汁
┌ 水…3/4杯
│ 醬油…2大匙
│ 砂糖…1又1/2大匙
└ 酒…1大匙

熱量 250卡
料理時間 20分＊
＊不含冷卻時間。

把魷魚腳連同內臟一起從身體拉出，軟骨也是，並取下鰭，腳則是從眼睛下方切斷，把嘴部除去。 **①**

✿ 只要把手指插入魷魚的身體裡，把身體和腳相連的地方切斷，就可以順利拉出，注意不要弄破墨囊。

材料（2人份）

酒鹽魷魚
- 北魷…1尾
- 酒…2大匙
- 鹽…1/3小匙

白菜…2片（160g）
紅蘿蔔、水煮竹筍…各40g
鮮香菇…3朵

Ⓐ
- 水…1/2杯
- 砂糖…1/2大匙
- 醬油…2小匙
- 酒…1小匙
- 雞湯粉（中式）…1小匙

Ⓑ
- 水…2大匙
- 太白粉…1大匙

●沙拉油、麻油

熱量 230卡
料理時間 20分*
＊不含酒鹽魷魚的製作時間。

什錦炒酒鹽魷魚

魷魚做成酒鹽魷魚，不僅味道入味蔬菜也變好吃了。

廚藝UP小技巧

☑ 魷魚不要煮過頭。
☑ 最後用麻油增添風味。

⑤ 煮滾後加入Ⓑ的太白粉水，一邊拌一邊煮到微滾，在起鍋前以繞圈方式滴入1小匙的麻油，然後盛盤。

用麻油增添風味
最後用麻油增添香醇的風味。

酒鹽魷魚
放冰箱可保存1～2天，取出直接煎，然後擠上一點檸檬汁就很好吃。

④

平底鍋加入1大匙的沙拉油用中火加熱，放入步驟③的蔬菜，等整體都變軟後，再加入步驟②的魷魚快炒，並加入Ⓐ。

魷魚注意不要煮過頭
魷魚煮過頭會變硬，所以最後再加進去喔！

①
製作酒鹽魷魚時，魷魚的前置處理和P.49相同，然後把魷魚連同酒和鹽一同放入保存袋內，放進冰箱冷藏至少30分鐘以上。

② 魷魚切開身體，縱切成3等分後再分別切成1cm寬的細長條，鰭切成1cm寬，腳切成5cm長，再把Ⓐ調勻。

③ 白菜縱切成兩半，再斜切成3cm的寬度；紅蘿蔔和竹筍切成1cm寬、4cm長的長條薄片；香菇去蒂切成薄片。

☑ 使用太白粉就不需要事先調味。

☑ 學會醬汁的比例。

③

平底鍋加入1大匙的沙拉油用中火加熱，放入步驟②的干貝，煎出焦色後翻面，轉小火煎1~2分鐘，再加入醬汁。

醬汁為 3：3：2：2
醬汁的比例為「醬油：味醂：砂糖：水＝3：3：2：2」，讓干貝熟透，表面也煎得焦香。

②

干貝擦乾水分，全部抹上太白粉。

使用太白粉就不需事先調味
因為抹了太白粉，所以醬汁的味道會緊緊裹住干貝，就算冷掉也依舊濕潤，所以也很推薦作為便當菜。

①

製做蔬菜棒時，西洋芹去絲，切成7~8mm寬的棒狀；小黃瓜縱向切成六份；白蘿蔔去皮，切成長6cm、7~8mm見方的棒狀，然後把醬汁先調好備用。

④

轉中火，一邊讓干貝裹上醬汁一邊收乾，等整體出現濃稠感就可以盛盤，並附上蔬菜棒。

材料(2人份)

干貝（水煮）…6個（180g）
醬汁
- 醬油…1又1/2大匙
- 味醂…1又1/2大匙
- 砂糖…1大匙
- 水…1大匙

蔬菜棒
- 西洋芹…1/4根
- 小黃瓜…1/3根
- 白蘿蔔…60g

●太白粉、沙拉油

熱量 220卡
料理時間 10分

MEMO
品嚐方式
也可以擠一點醋橘汁或用切成絲的柚子皮點綴，又或者撒上七味辣椒粉，也很夠味。

照燒干貝

只要使用太白粉，就算放了一段時間也還是一樣有光澤。

義式水煮鮭魚

花蛤和番茄的美味也會煮進高湯，呈現豐富的滋味。

廚藝UP小技巧

☑ 魚先撒鹽放置，擦乾水分後再煎。

☑ 煎魚時帶皮面朝下煎出焦色！

☑ 過度加熱是乾柴的主因，所以用餘溫將魚肉燜得鬆軟。

☑ 起鍋前用優質的橄欖油和巴西利來收尾。

在平底鍋的空位爆香大蒜，等飄出香味後，加入花蛤、小番茄及黑橄欖，再倒入1/2杯的水，並加入少許的鹽，然後蓋上鍋蓋轉大火。

煮滾後轉小一點的中火燜煮2分鐘左右，關火後再燜大約3分鐘。打開鍋蓋以繞圈方式淋入1大匙的橄欖油，並撒上義大利巴西利試試味道，若不夠鹹就用少許的鹽調味。

最後用餘溫燜熟，再用橄欖油和巴西利增添清新的香氣！
關火燜煮可以把魚肉煮到連中間都鬆軟熟透卻不乾柴，雖然只是在起鍋前使用優質橄欖油，但香味就會截然不同，另外如果有，也可撒上添加前才切好的義大利巴西利。

等鹽分滲入步驟①的鮭魚且出水後，用廚房紙巾擦乾。

擦乾鮭魚水分後再煎
撒鹽之後浮出表面的水分中也含有魚腥味，所以要用廚房紙巾壓乾喔！

平底鍋加入2小匙的橄欖油以中火加熱，把鮭魚的帶皮面朝下擺入，煎出焦色後翻面，另一面也稍微煎過。

煎魚要從帶皮面開始！
首先要從擺盤時朝上的帶皮面開始煎，就義式水煮魚來說，因為之後還會燜煮，所以不用在這煎到全熟。

材料(2人份)

「 新鮮鮭魚(切片)…2片(200g)
└ 鹽…比1/3小匙多一點(2g)*
花蛤（帶殼）…200g
小番茄…5顆
黑橄欖…10顆
大蒜…1瓣
義大利巴西利（切末）…1大匙
●鹽、橄欖油、胡椒

熱量 270卡
料理時間 20分 **

＊以魚重量的1%為基準。
＊＊不含花蛤吐沙的時間。

把花蛤泡在海水程度（約3%）的鹽水中，靜置半天左右吐沙，將外殼互相摩擦洗淨；鮭魚兩面撒上預備分量的鹽，靜置5～10分鐘鹽分滲入；小番茄去蒂，如果比較大就切成兩半；大蒜去莖切末。

鮭魚撒鹽靜置，退冰到室溫
在切片的魚肉表面撒鹽並靜置一段時間，腥味就會隨著多餘的水分一起被帶出來，放置的同時也能退冰到室溫，讓魚肉在短時間內可以煮得鬆軟熟透。

變化菜色
也可以用土魠魚、鱸魚之類的肉片來做。

義大利巴西利
盡可能在收尾時再切末，會保留新鮮的香氣。

義式水煮魚（Acqua Pazza）
把海鮮和番茄、橄欖等配料一起水煮的義大利菜，大多使用一整條魚。

MEMO

☑ 魚撒鹽逼出水分，抑制腥味。

☑ 煎魚時先輕壓，讓魚皮緊貼
　　著鍋面。

☑ 魚皮面占煎魚的八成時間，
　　肉面只占兩成，把魚皮煎得
　　香酥脆！

香煎金目鯛

煎到香脆，魚皮的焦香是美味之處。

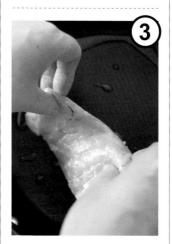

馬上用鍋鏟之類的由上往下輕壓，煎到魚肉不會捲曲後，再把剩下一片一起放入，轉成小一點的中火，不時把魚掀起，讓熱油流到魚皮下方，煎8分鐘左右。

防止捲曲，由上往下按壓
魚皮遇到熱鍋會馬上緊縮而使魚肉捲曲，這樣帶皮面就會煎得不勻稱，所以要由上往下輕壓讓魚皮緊貼，等緊縮的情形安定下來後，再放入另一片魚！

把魚皮煎到香脆後，等八成魚肉變白時就翻面，另一面煎1分鐘左右，就可以盛盤並附上步驟②的配菜，依個人喜好滴上少許橄欖油。

帶皮面慢慢煎，翻面之後動作要快！
火開小一點的中火就不必擔心會燒焦，所以不用翻面，只要耐心等魚肉上方也因火侯變白就可以了，這樣就會幾乎全熟，因此另一面不可以煎過頭。

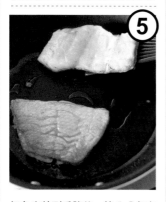

把香菇、鴻禧菇、白花椰菜依序放入小一點的鍋子裡，撒入1/4小匙的鹽、少許的胡椒、3～4大匙的水，再蓋上鍋蓋開中火，煮滾後略為攪拌，轉成小一點的中火，然後蓋上鍋蓋燜煮10分鐘左右。

要煎之前先把步驟①的金目鯛用廚房紙巾擦乾水分，然後平底鍋加入2小匙橄欖油以中火加熱，再把一片金目鯛以帶皮面朝下的方式放入。

變化菜色
如果使用鯛魚、石鱸、鱸魚、六線魚之類的來做，要使用帶皮面積大的魚肉切片喔！

香煎（poêlé） MEMO
法國菜中，用油將表面煎得香脆的調理方式。

材料（2人份）

金目鯛（切片）…2片（200g）
鹽…比1/3小匙多一點(2g)*

配菜
鮮香菇…2朵
鴻禧菇…（大）1/2包
白花椰菜…（小）1/2棵

●鹽、胡椒、橄欖油

熱量 220卡
料理時間 25分
＊以魚重量的1%為基準。

金目鯛兩面撒上預備分量的鹽後，靜置5～10分鐘；配菜的香菇去蒂，切成7mm的寬度；鴻禧菇切去根部後撥開；白花椰菜切開分成小朵。

金目鯛撒鹽，退冰到室溫
在切片魚肉的表面撒鹽並靜置一段時間，腥味就會隨著多餘的水分一起被帶出來，也因為放著退冰到室溫，讓魚肉在短時間內可以煮得鬆軟熟透。

酥炸鮮蝦蔬菜

使用細粒麵包粉的麵衣，炸得清爽不油膩。

材料(2人份)
蝦子（帶殼／無頭）…8～10隻
紅甜椒…1/2顆
茄子…1條
櫛瓜…1/2條
小洋蔥…3顆
麵衣
- 麵粉、麵包粉（乾）…皆適量
  蛋汁＊
  - 蛋…1顆
    沙拉油…1大匙
    鹽…1/3小匙
  - 胡椒…少許
- 檸檬（切成瓣狀）…適量
●炸油

熱量 440卡
料理時間 25分
＊方便製作的分量。

把麵衣的麵包粉放入塑膠袋，用桿麵棍之類的去壓或從袋子上方用手搓揉，把麵包粉弄細。

把麵衣的麵包粉弄細
使用細碎的乾燥麵包粉，會因為吸油量低而不會炸得油膩。

在大碗公裡把蛋汁的材料混合均勻。

麵衣的蛋汁拌入鹽和沙拉油
蛋汁拌入鹽和沙拉油後放置，可以讓整體入味，也會因為素材表面沾油的效果而讓溫度容易上升，炸得酥脆。

把步驟①到③的材料抹上薄薄的麵粉後，裹上步驟⑤的蛋汁，再沾上步驟④的麵包粉，然後炸油加熱到170℃，依食材種類依序油炸取出，瀝乾油後再盛盤，並附上檸檬。

先炸蔬菜，最後再炸蝦子
先炸蔬菜，海鮮或肉類最後再炸，這樣炸油才不容易髒，蔬菜也不會沾染多餘的味道。

廚藝UP小技巧

☑ 把蝦尾以上的殼都剝掉，方便食用。

☑ 將麵包粉弄細來炸，保持清爽。

☑ 麵衣的蛋汁用鹽和沙拉油調成濃郁的口味。

☑ 用先蔬菜後蝦子的順序油炸。

甜椒去蒂去籽，為了讓麵衣容易附著，用削皮器把皮削掉，並切成一口大小的滾刀塊。

茄子去蒂，把皮削成間隔的條紋狀，縱切成兩半後再橫切成兩半；櫛瓜去蒂，切成1cm厚的圓片；小洋蔥剝皮橫切成兩半。

❂ 小洋蔥如果在離中央一點距離的地方分別插入兩根牙籤之後再切，形狀就不會散開。

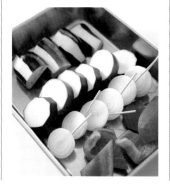

蝦子從連著頭的那邊來看，如果有腸泥就挑掉，用脫衣的方式剝下身體的殼，接著拉住尾巴把殼剝掉。

把蝦尾以上的殼都剝掉
先把蝦殼剝掉比較方便食用，油炸時也不用擔心水分會飛濺，蝦殼建議冷凍起來不要丟棄（參考 MEMO）。

蝦殼
蝦子洗淨剝殼後，蝦殼要馬上放入夾鏈袋冷凍。不解凍，在冰凍的狀態下直接炒，然後加入香料蔬菜和水就能煮出很棒的湯頭，累積到一定的量後就可以運用在馬賽魚湯（參考 P.58）等料理。

快速馬賽魚湯

用魚雜和蝦殼品嚐香濃的湯頭。

材料(2人份)

鯛的魚雜…800g
蝦殼＊…8〜10隻的分量
蔥、洋蔥、西洋芹…各50g
番茄…2顆
番茄醬＊＊…1大匙

A
- 水…3杯
- 白酒…1/2杯
- 月桂葉…1片
- 大蒜（壓碎）…2瓣
- 巴西利的莖…2〜3根
- 新鮮百里香…少許
- 柳橙皮＊＊＊…1/4個的分量
- 茴香酒(如果有的話)＊＊＊
  …2小匙

大蒜醬
- 一味辣椒粉…1/2小匙
- 熱水…1小匙
- 美乃滋…70g
- 大蒜（磨成泥）…1/2瓣的分量

法國麵包
(切薄片／用烤麵包機烤)…適量

●鹽、橄欖油、胡椒

熱量 550卡
料理時間 45分

＊參考P.57。
＊＊比番茄泥濃厚、香醇。
小包裝類型使用方便。
＊＊＊參考MEMO。
＊＊＊不含魚雜泡水的時間。

廚藝UP小技巧

- ☑ 魚雜汆燙後過冷水！活用日本料理的技巧。
- ☑ 聰明運用蝦殼煮出高湯！
- ☑ 把殘留在魚骨和殼裡的鮮味澈底榨出來。
- ☑ 煮魚雜時不要煮滾。

鯛的魚雜分(作為料的)多肉部分和(高湯用的)少肉部分，料的部分全部撒上少許的鹽，高湯用的部分浸泡在大量的水中30分鐘左右，期間不時換水，泡完後瀝乾水分。

✪ 雖然都稱作魚雜，但還是有多肉的部分與幾乎只剩下骨和皮的部分，所以要用料理剪刀切斷分開，少肉的部分泡水去掉血水，用來熬煮高湯。

等撒在湯料用魚雜上的鹽都化開滲入後，把魚雜短暫放入大量熱水裡，再泡進冷水裡。在水裡把殘留在魚皮上的鱗摩擦去除掉，擦乾水分。

汆燙後過冷水，把魚肉清潔乾淨！

這種前置處理在日本料理中被稱為「霜降」的手法，只要在水裡把殘留的魚鱗和髒汙去除乾淨，就能降低魚腥味，利用和食的料理手法提昇法國料理的美味！

把蔥、洋蔥、西洋芹切成5mm寬的薄片；番茄去蒂後大略切碎。

鍋中加入2小匙的橄欖油以中火加熱，放入蝦殼炒到變紅、飄出香味為止，然後加蔥、洋蔥、西洋芹及1/3小匙的鹽拌炒。

用蝦殼帶出香氣

用炒過的蝦殼熬製湯品或醬汁的高湯是西式料理中常用的手法，如果是冷凍蝦殼，不用解凍直接加入的話就不會出現腥味。

⑨

大蒜醬的一味辣椒粉用熱水泡開，再加入美乃滋、大蒜調勻。將步驟⑧的湯料盛盤，附上大蒜醬與法國麵包。

馬賽魚湯
南法知名的魚料理。

品嚐方式
把烤到酥脆的法國麵包浸到湯裡，或沾大蒜醬，讓大蒜醬稍微融在湯裡食用。

茴香酒和柳橙皮
用大茴香這種香料來增添香氣的利口酒（茴香酒或法國茴香酒）是南法地區的名產，加入這種利口酒和仔細洗淨後的柳橙皮薄片可以作為提味，就算沒有加入原本該放的小茴香或韭蔥，也能做出有深度的味道。

⑧

沸騰後加入步驟②的湯料用魚雜，用小一點的中火以不煮滾的方式靜靜煮8分鐘左右。

以不煮滾的方式用小一點的火候煮
如果火太大大鯛的魚雜肉就會散開，還會跑出浮沫，所以要用不會煮滾的火候靜靜地煮。

⑤

加入高湯用的魚雜拌炒，肉變白後加入番茄醬混合均勻。

⑥

加入番茄和Ⓐ轉大火，煮滾後轉小一點的中火煮5分鐘左右，撈去浮渣後再煮15分鐘。

⑦

把食材移到放有網篩的大碗公上，用木鍋鏟以擠壓的方式過濾，然後倒回鍋中再開中火，加入2/3小匙的鹽及少許胡椒調味。

仔細過濾，榨取美味高湯
不只用網篩濾出湯汁，還要澈底擠壓留在網篩裡的魚骨和蝦殼，把高湯一滴不剩地集中起來！

蔥油清蒸魚

大量蔥絲淋上滾燙熱油來增添香氣。

材料（2人份）

鰤魚（切片）…2片(200g) *
蔥…1/4根
甜椒（紅、黃）…各10g
萵苣（或白菜）…2片
醬汁
┌ 砂糖、魚露…各2大匙
└ 醬油…1大匙
香菜…適量
●鹽、酒、麻油

熱量 460卡
料理時間 20分
＊約1cm厚的切片。

廚藝UP小技巧

☑ 魚肉切片要先撒鹽帶出腥味。

☑ 撒酒抑制腥味。

☑ 用大火一口氣蒸得鬆軟。

☑ 最後淋上的油要加熱到滾燙，
不冷不熱會感覺油膩，所以要
確實加熱。

趁蒸魚的時候，先把步驟②的蔥絲瀝乾水分，再和甜椒拌在一起，然後在大碗公裡調勻醬汁的調味料。 ⑤

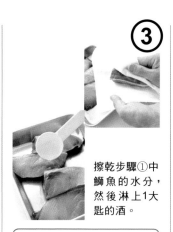 ③

擦乾步驟①中鯽魚的水分，然後淋上1大匙的酒。

淋酒抑制腥味

酒除了可以抑制魚腥味外，還可以讓魚肉變鬆軟，具有提鮮的效果。

 ①

把一片鯽魚切成兩半，在兩面撒上1/2小匙的鹽後靜置5分鐘。

利用鹽的效果
帶出多餘的水分和腥味

在魚上撒鹽靜置，腥味就會因為滲透壓而隨著水分一起被帶出，等到鹽分滲入、表面出水後，把水分擦乾再開始料理吧！

 ⑥

等步驟④的鯽魚蒸好後取出，把步驟⑤的蔬菜均分放在魚上。平底鍋放入2大匙的麻油後開中火，慢慢加熱到冒煙，注意不要著火了。

麻油要充分加熱到冒煙為止

傾斜平底鍋，把油集中在一處加熱，油如果不冷不熱會感覺油膩，所以必須滾燙到冒煙才行。

 ④

一次蒸一人份，先在盤子上鋪上萵苣，再擺上鯽魚，在充滿蒸氣的蒸籠裡用大一點的火蒸6分鐘左右。

不要打開蓋子，
用大火一口氣蒸熟

慢慢加熱不僅耗時，還會造成鮮味流失、腥味無法散去，用大火加熱到冒出蒸氣後再放入盤子，為了避免蒸氣散去，不要打開蓋子，就可以在短時間內快速蒸熟。

 ②

蔥縱切成兩半，再斜切成4cm長的蔥絲泡水；甜椒切成4cm長的絲狀。

☆ 蔥泡水會變得爽脆，咬起來的口感會更好。

 ⑦

趁麻油還還熱著，在盛盤好的蔬菜上分別以繞圈方式淋上一半的量，並在整體淋上適量的醬汁，如果有香菜也可以附上。

變化菜色

鯽魚之外，白肉魚或紅魽、小鯽魚也很好吃。

蒸法

如果沒有蒸籠或蒸煮用器具，也可以用平底鍋把水煮沸，將矽膠或金屬製的盤盤設置在鍋上，再放進放魚的盤子蒸。也可以一盤放蒸籠、一盤放平底鍋，同時蒸2人份。

MEMO

黑醋煮鹽鮭

用香醇的黑醋煮出清爽感。

材料(2人份)

鮭魚（切片／微鹹）…2片（240g）

豆芽菜…40g

湯汁
- 蔥…10cm
- 薑…1個大拇指指節左右的分量（約15g）
- 紅辣椒…2～3根
- 黑醋…5大匙
- 酒、水…各3大匙

香菜…適量

熱量 220卡　料理時間 15分

廚藝UP小技巧

- ☑ 用香料蔬菜和黑醋的湯汁做出香氣豐富的煮魚。
- ☑ 將鮭魚的表面煎硬，鎖住鮮味。
- ☑ 煮滾湯汁讓黑醋的酸味揮發，滋味會更香醇。

MEMO

黑醋

黑醋是以糙米或大麥等作為原料，經過長時間（1～3年）發酵、熟成而來，具有豐富胺基酸與礦物質的香醇，酸味也很溫和。在中式料理中，除了燉煮外也經常用於炒菜調味、餃子等點心的沾醬上。

---

④ 另一面也用同樣的方式煎，然後依序加入湯汁的材料，湯汁微滾、水分稍微收乾後，加入豆芽菜，把整體快速拌勻後就盛盤，如果有香菜也可以附上。

煮滾湯汁讓黑醋的酸味與魚腥味揮發

把湯汁煮滾後，黑醋的酸味就會揮發，只留下香醇的鮮味。

③ 鮭魚切成兩半，不加油，直接放入不沾鍋的平底鍋，用中火慢慢煎，煎出焦色後翻面。

先把鮭魚表面煎硬就好

之後會加水煮，所以這裡沒煎熟也 OK，把表面仔細煎出焦色，鎖住魚鮮味吧！

① 豆芽菜去掉鬚根。

---

② 準備湯汁，把蔥切成6～7等分的小段；薑刮掉外皮切成薄片；紅辣椒去蒂去籽。

用香料蔬菜和黑醋提升香氣

鮭魚本身有鹽分，所以湯汁不用加鹽或醬油，把蔥、薑、黑醋等氣味芳香的食材用在酒和水當中。

④

平底鍋加入1大匙沙拉油用中火加熱，把步驟②的鯖魚以帶皮面朝下的方式擺入鍋中慢煎，出現焦色後翻面，另一面也要煎。

先把魚的表面煎硬就好

之後會加水煮，所以這裡沒煎熟也OK，把表面仔細煎出焦色，鎖住魚鮮味吧！

⑤

加入湯汁的材料，煮滾後蓋上鍋蓋燜煮5分鐘左右，打開鍋蓋加入步驟③的西洋芹，稍微攪拌後就可以盛盤。

蓋上鍋蓋讓蒸氣流動，讓魚肉在短時間內煮得鬆軟

只要蓋上鍋蓋讓蒸氣有效率地流動，就能把魚肉煮得鬆軟熟透，湯汁也會變成美味的醬汁，所以起鍋時要保留一點湯汁。

廚藝UP小技巧

- ☑ 在不易煮熟的帶骨鯖魚上劃入刀痕。
- ☑ 在鯖魚上撒鹽，除去多餘的水分和腥味。
- ☑ 只把魚的表面煎硬。
- ☑ 加水煮到鬆軟熟透。

②

鯖魚撒上適量的鹽（每片魚一小搓）與少許的胡椒，靜置5分鐘後擦去水分。

利用鹽的作用 除去多餘的水分和腥味

在魚上撒鹽靜置，腥味會因為滲透壓而隨著水分一起被帶出，等到鹽分滲入、表面出水後，把水分擦乾吧！

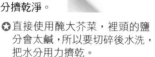

③

西洋芹斜切成薄片，撒一小搓鹽。等鹽溶化滲入後把水分擠乾。醃大芥菜切細，稍微水洗後把水分擠乾淨。

☘ 直接使用醃大芥菜，裡頭的鹽分會太鹹，所以要切碎後水洗，把水分用力擠乾。

變化菜色

如果沒有醃大芥菜，也可以使用廣島白菜或野澤白菜等，秋冬之際也很推薦使用醃白菜，因為味道清爽，所以起鍋時不用加西洋芹。

MEMO

材料（2人份）

鯖魚（半尾／帶骨）…1片（230g）
西洋芹…20～30g
湯汁
┌ 醃大芥菜*…1片（約80g）
│ 酒…2大匙
└ 水…3/4杯

●鹽、胡椒、沙拉油

熱量 280卡
料理時間 20分

＊使用經過鹽醃而產生乳酸發酵的傳統醃大芥菜，而不是切碎加入調味料調味的大芥菜。

①

在鯖魚的帶皮面用1～1.5cm的間隔劃入刀痕，並將魚切成四等分。

劃入刀痕讓魚肉容易熟

帶骨鯖魚因為肉厚有時不容易熟，先劃入刀痕就可以放心，帶骨煮可以煮出美味的湯汁。

醃大芥菜煮鯖魚

醃大芥菜的鮮味與鹽分會滲入鯖魚裡，再以西洋芹做點睛之效。

辣味茄汁秋刀魚

在秋刀魚上發揮番茄酸甜滋味的清爽辣醬！

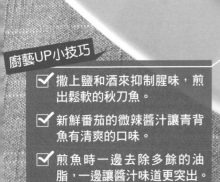

廚藝UP小技巧

☑ 撒上鹽和酒來抑制腥味，煎出鬆軟的秋刀魚。

☑ 新鮮番茄的微辣醬汁讓青背魚有清爽的口味。

☑ 煎魚時一邊去除多餘的油脂，一邊讓醬汁味道更突出。

平底鍋放入1大匙沙拉油與蔥、薑、蒜一起用小火爆香，飄出香味後再加入番茄拌炒。然後加入豆瓣醬炒到混成一塊，放入Ⓐ，轉中火一邊拌炒一邊加熱直到醬汁變得濃稠。

在另一個平底鍋加入少許的沙拉油用中火加熱，擦乾步驟③的魚塊水分後，擺入鍋中煎，滲出的油脂用廚房紙巾吸乾，把兩面都仔細煎出焦色。

除去滲出的油脂，煎出焦香
煎魚時滲出的油脂一多，煎好的魚就會太油膩，醬汁也不容易裹住魚塊，所以要用廚房紙巾吸乾。

把步驟⑥的魚塊擺盤，淋上步驟⑤的醬汁，最後撒上細蔥。

變化菜色
秋刀魚之外，也可以用沙丁魚、竹筴魚或鯖魚切片來做。

MEMO

把魚塊排在鐵盤上，兩面撒上約1/2小匙的鹽與1小匙的酒後靜置5分鐘左右。

用鹽和酒事先調味，同時抑制腥味
先在魚上撒鹽，腥味會因為滲透壓而隨著水分一起被帶出，此外，酒在抑制腥味的同時，還會讓魚肉變鬆軟，具有提鮮的效果。

辣味茄汁的番茄去蒂後切成8等分的瓣狀，去皮後再切成兩半；蔥、薑、蒜切成細末。

番茄去皮提升口感
辣味茄汁不使用番茄醬，而是發揮新鮮番茄的清爽酸味。番茄皮加熱後會難以下嚥，所以要去皮使用。

材料（2人份）
秋刀魚…2條
辣味茄汁
├番茄…1顆（約150g）
│蔥…3cm
│大蒜、薑…各5g
│豆瓣醬…1小匙
Ⓐ├酒…2大匙
│砂糖…1大匙
│醋…1小匙
│鹽…1/2小匙
└水…1/4杯
細蔥（切成蔥花）…少許
●鹽、酒、沙拉油
熱量 410卡
料理時間 20分

在秋刀魚的肚子上切出長一點的切口，用菜刀把內臟刮出來。

水洗後擦乾，去頭去尾切成三等分。

泡菜煮鯖魚

泡菜發酵後的鮮味和酸味讓青背魚變得好入口。

材料（2人份）

鯖魚（切片）
…2片（200g）
白菜泡菜（市售）
…150g
白菜泡菜的醃漬汁
…1大匙
韭菜…2～3株
辣椒粉
（中等粗度／參考P.39）
…1/2大匙
湯汁
┌ 水…1杯
│ 醬油…2大匙
└ 味醂、酒…各1大匙
●鹽、黑胡椒（粗粒）

熱量 280卡
料理時間 20分

66

鯖魚在帶皮面劃上十字刀痕，撒上少許的鹽和胡椒；白菜泡菜切成方便入口的大小；韭菜切成5cm的長度。

✪ 在鯖魚的帶皮面劃上刀痕，事先撒上的調味料就能好好滲入，湯汁也能澈底入味。

鍋子（或平底鍋）倒入湯汁的材料後開大火，煮滾後轉成小一點的中火，把鯖魚以帶皮面朝上的方式放入鍋中。

辣椒粉均勻撒在所有食材上。

把辣椒粉的辣味和鮮味釋放到湯汁裡

把辣椒粉的辣味和鮮味煮進湯汁裡，賦予衝擊性，並進一步抑制鯖魚的腥味。

把烘焙紙剪成比鍋子小上一圈的尺寸，折成16等分，在頂點和每邊的兩處剪小洞，攤開後當作落蓋使用。一邊澆淋湯汁，一邊用小火煮10分鐘左右，再放入韭菜略為攪拌。

落蓋和澆淋湯汁

蓋上落蓋並不時澆淋湯汁，讓湯汁得以均勻流動，魚肉就能煮得濕潤不乾柴。

白菜泡菜的醃漬汁從上方以繞圈方式倒入鍋中，接著把白菜泡菜放入鯖魚之間的空隙。

白菜泡菜要連同充滿鮮味的醃漬汁一起加入

泡菜連同醃漬汁一起運用是鐵則！鮮味和酸味可以抑制鯖魚的腥味，讓魚變好吃。

廚藝UP小技巧

☑ 白菜泡菜連同醃漬汁一起加入，把泡菜的鮮味發揮到淋漓盡致。

☑ 辣椒粉的辣味與鮮味讓魚更加好吃！

☑ 蓋上落蓋、不時澆淋湯汁，讓味道入味。

MEMO

白菜泡菜
煮青背魚時，建議使用出現酸味的長時間醃漬品。

辣煮鱈魚

一只平底鍋就可完成蔬菜滿點的韓式水煮魚。

把鱈魚分開放在蔬菜上,上面再放上青辣椒。

鱈魚放在蔬菜上煮
鱈魚的鮮味會滲入蔬菜,鱈魚也會吸進富含蔬菜風味的湯汁,非常好吃。

加入Ⓐ後,整體煮出濃稠感。

**辣椒粉的辣味和鮮味
可以抑制魚腥味**
辣椒粉的辣味和鮮味可以抑制魚腥味,辣椒粉均勻撒在所有食材上,為湯汁賦予衝擊性。

把1片鱈魚切成三等分,撒上少許的鹽和黑胡椒,仔細抹上太白粉;洋蔥切成1cm寬的瓣狀;如果介意豆芽菜的鬚根可以摘掉;青辣椒縱向劃入一條刀痕。

抹上太白粉的三個目的
抹粉可以鎖住鮮味、防止魚肉煮散,還能增加湯汁濃稠度,因此味道容易裹住食材。

平底鍋倒入小魚乾高湯,開大火,煮滾後轉中火,加入洋蔥、豆芽菜煮2分鐘左右。

材料(2人份)

鱈魚(切片)…2片(200g)
洋蔥…1/2顆
豆芽菜…1袋(200g)
青辣椒…10根
小魚乾高湯(參考MEMO)
　　…1又1/2杯
Ⓐ ┌ 醬油…3大匙
　│ 酒、辣椒粉
　│ (中等粗度／參考P.39)
　│ 　…各2大匙
　│ 砂糖、麻油…各1大匙
　│ 大蒜(磨成泥)…1瓣的分量
　└ 薑(磨成泥)
　　　…1個大拇指指節
　　　　左右的分量(約15g)
●鹽、黑胡椒(粗粒)、太白粉

熱量 280卡
料理時間 15分

廚藝UP小技巧

☑ 抹在鱈魚上的太白粉要厚實。

☑ 學會蔬菜和魚要用什麼順序堆疊才能煮得好吃。

☑ 辣椒粉能去腥,為清淡的鱈魚帶來衝擊性的味道!

MEMO

小魚乾高湯
鍋中放入2杯水和去除腹中內臟的小魚乾10g,靜置30分鐘左右,開大火,煮滾後轉小火,再煮約10分鐘,用網篩過濾。

☑ 學會適合魚類料理、以韓國辣醬做基底的醬汁。

☑ 把鮭魚切成容易沾附醬汁的形狀。

☑ 關火後把荏胡麻葉撕成小片撒在上頭。

辣炒鮭魚菇

酸得夠味的韓國辣醬醬汁和荏胡麻葉是這道菜的重點。

把鮭魚放回鍋裡，加入韓國辣醬醬汁，用大火快炒讓整體都裹上醬汁。

鮭魚斜切成一口大小，撒上少許的鹽和黑胡椒，抹上薄薄一層麵粉；香菇切去菇腳後切成薄片；把舞菇剝散。

斜切讓醬汁容易裹上
因為鮭魚的斜切面比垂直切面來得大，所以會變得容易裹上醬汁。

把韓國辣醬醬汁的材料調勻。

把韓國辣醬調稀點，
凸顯醋的酸味

為了讓醬汁容易裹住鮭魚，把韓國辣醬調稀一點，讓醋為甜鹹的醬汁帶來緊湊感，增添清爽滋味。

關火，把荏胡麻葉撕成小片後放入攪拌。

荏胡麻葉一定要在關火後再加
葉片稍微加熱讓香氣飄散出來，不要煮到過於軟爛，荏胡麻的獨特風味也有抑制魚腥味的作用。

平底鍋加入1大匙沙拉油用中火加熱，把鮭魚兩面煎出焦香後起鍋，用廚房紙巾把鮭魚滲出的油脂擦乾淨，然後補上1大匙的沙拉油，將香菇、舞菇快速炒過。

材料（2人份）

新鮮鮭魚（切片）…2片（200g）
鮮香菇…2朵
舞菇…1包（100g）
荏胡麻葉…2～3片
韓國辣醬醬汁
┌ 韓國辣醬、酒…各3大匙
│ 醬油、砂糖…各1又1/2大匙
│ 醋…1大匙
└ 大蒜（磨成泥）…1/2瓣的分量
●鹽、黑胡椒（粗粒）、麵粉、沙拉油

熱量 380卡
料理時間 15分

海鮮的複習

魚類宰殺

魷魚
把手指插入身體裡，切斷相連部分，把腳連同內臟一起拉出（右圖），軟骨也要拉出來（左圖）。切下鰭的部分，把眼睛下方的腳切下，去除嘴部。
→P.49

秋刀魚
切秋刀魚來用時要切成筒狀，在魚肚上切出長一點的切口，用菜刀把內臟掏出來，去頭去尾後再切成段。
→P.65
掏出內臟。→P.152

沙丁魚
製作燉煮料理時，去頭使用整隻。刮掉魚鱗，將頭部連同胸鰭一起切掉，從切口把內臟掏出。
→P.46

前置處理

汆燙後過冷水

把魚放入大量滾水當中，然後馬上再放到冷水裡刷洗表面，是去除髒汙和腥味的方法。→
P.58、P.119

剝蝦殼

製作炸物時的方法，如果蝦子有腸泥，就從連著頭的那邊拔除，拉住尾巴，用脫衣的方式剝下身體的殼。
→P.57

花蛤吐沙

花蛤用鹽水（1杯水對1小匙的鹽）浸泡到一半的高度，用紙之類的物品覆蓋，放置30分鐘到半天讓花蛤吐沙，再把外殼互相摩擦沖水洗淨
→P.53、P.133

牡蠣邊搖邊洗

製做淡鹽水，把牡蠣放到鹽水裡，用輕輕搖晃的方式洗淨，之後換水沖洗，然後撈到網篩上瀝乾水分。牡蠣身體容易被破壞，所以處理時要輕柔
→P.88

劃刀痕

煮魚時要在魚皮上劃入刀痕，有十字狀、條紋狀、斜切等各種切法
→P.46、P.63、P.67

蛋類料理

第 3 章

把雞蛋為主角的經典配菜都學起來吧！
因為冰箱裡總會有雞蛋，如果能料理得好，
讓口袋料理又增添幾道，大家一定會很開心！
雞蛋是否美味會隨著加熱方式而改變，
因此火候是一大重點。

厚燒蛋卷與高湯蛋卷

不論是甜鹹口味還是高湯比較多的鬆軟口感，都是用同樣的方式煎。

高湯蛋卷

厚燒蛋卷

【厚燒蛋卷】

材料(2人份)

蛋…4顆

Ⓐ
- 高湯(參考P.84)…2大匙
- 砂糖…2大匙
- 鹽…1/6小匙
- 醬油…1小匙
- 酒…1小匙

蘿蔔泥…適量

●沙拉油、醬油

熱量 200卡
料理時間 15分

【高湯蛋卷】

材料(2人份)

蛋…4顆

Ⓐ
- 高湯(參考P.84)…4大匙
- 鹽…1/6小匙
- 味醂…2小匙
- 淡色醬油…1小匙

●沙拉油

熱量 170卡
料理時間 15分

74

⑥

把煎蛋移到對面，空出來的部分抹油。倒入約1/3量的蛋汁，傾斜煎蛋鍋讓蛋汁布滿整個鍋面，稍微抬起煎蛋，讓蛋汁流到煎蛋下方。如果出現泡泡就用調理長筷戳破，煎到半熟後就從對面往手邊方向捲過來。將這個步驟再重複2次就完成了。

勤快抹油，小心倒入蛋汁
倒蛋汁之前，一定要用吸飽油的廚房紙巾擦拭空出來的部分，讓油滲入鍋面。一次倒入的量約為1顆雞蛋的分量。不要忘了抬起煎蛋，讓蛋汁也流到煎蛋下方。

移到鐵盤之類的容器上，降溫至手可以觸摸的溫度，讓煎蛋穩定下來。
切成方便食用的大小後盛盤，附上蘿蔔泥，淋上少許醬油。

⑦

【高湯蛋卷】

製作方式和厚燒蛋卷一樣。

厚燒蛋卷調味液
把厚燒蛋卷用的調味液做多一點起來存放，做便當時就很方便。如果是便當用的蛋卷，以2小匙～1大匙對1顆蛋的比例來攪拌均勻後再煎。

MEMO

☑ 打蛋時注意不要打出泡泡。
☑ 仔細抹上煎蛋的油，一定要記得確認溫度！
☑ 煎蛋時重複「抹油」、「讓蛋汁也流到蛋卷下」。

④

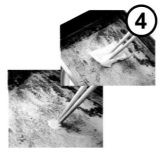

用中火加熱煎蛋鍋，加1小匙沙拉油讓油布滿整個鍋面，多餘的油倒入容器中，用折成小塊的廚房紙巾擦拭鍋面讓油澈底滲入。調理長筷的前端沾蛋汁後接觸煎蛋鍋，確認溫度。

抹油，加熱到發出滋滋聲
一開始倒多一點的油，讓油布滿整個鍋面，再倒出多餘的油，用廚房紙巾擦拭讓油澈底滲入鍋面。調理長筷的前端沾蛋汁滴下一滴，如果發出滋滋聲就OK。如果沒發出聲音表示溫度還不高，需要再加熱一下，如果馬上煎熟就表示溫度太高，可將鍋子放在濕布巾上稍微冷卻。倒出來的油會用於煎蛋。

⑤

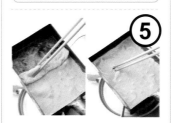

倒入1/4量（約1顆蛋的分量）的蛋汁，讓蛋汁布滿整個鍋面。如果出現大泡泡就用筷子前端戳破。等變成半熟狀態，就用折疊的方式從對面一點一點往手邊方向捲起來。

【厚燒蛋卷】

先把Ⓐ的材料調勻。

①

把蛋打進大碗公，除去蛋黃繫帶，用調理長筷仔細打散。

②

打蛋時不打出泡泡
如果用打泡的方式攪拌，氣泡會跑進蛋汁裡，這樣便無法煎出軟嫩的蛋卷。讓調理長筷左右晃動，用像在切蛋白的方式攪拌。

把步驟①的材料一點一點加進步驟②的碗裡攪拌均勻。

③

⭐ 如果一口氣把放了高湯的調味料加進去會不容易拌勻，因此要一點一點地倒入攪拌，這樣才能迅速將蛋汁攪拌均勻

材料（2人份）

蛋…（L）1顆

調味液
- 高湯…1杯
- 淡色醬油…1小匙
- 鹽…2小搓
- 味醂…1小匙

蝦子（帶殼／無頭）
　…2隻

鴨兒芹…4根

熱量 70卡
料理時間 20分

廚藝UP小技巧

☑ 學會蛋和調味液的比例！

☑ 過濾蛋汁，讓口感滑順。

☑ 蒸的時間為中火1分鐘，
接著小火15分鐘。

變化菜色

茶碗蒸的食材不限於蝦子，也可以用白肉魚、螃蟹、雞肉、魚板等。另外，燙過的青菜、竹筍、銀杏、百合根等也非常搭。可以簡單幾種配料就好，也可以加入豐富的配料。

鍋蒸是？

不使用蒸鍋，而是在鍋中煮沸熱水後將容器放入鍋中蒸，這種方式也稱為「地獄蒸」。

茶碗蒸

**目標是做出可以品嚐
高湯美味的軟嫩口感。**

---

⑤

在充滿蒸氣的蒸鍋或是在加入1～2cm高熱水的滾水鍋中，把步驟④的容器放入，蓋上用布巾包著的蓋子，用中火加熱1分鐘。稍微錯開蓋子，用小火蒸15分鐘。把竹籤插在中心，如果沒有湧出蛋汁就表示蒸好了。

✿ 蓋子用布巾包住是為了不讓水滴滴落到茶碗蒸裡。

火候從中火轉小火
蛋大約在80℃就會凝固，火太強會變成蜂窩狀（形成小洞），導致口感變差，火太小則無法凝固。一開始在熱氣蒸騰時放入，用中火讓表面快速凝固，之後再轉小火慢慢蒸熟。

---

③

蝦子剝殼但保留尾巴和最後一截，蝦背劃上淺淺刀痕，清除腸泥；鴨兒芹切成3cm的長度。

④

把步驟③的料平均放入容器，蛋汁先攪拌過一次再倒入容器。

✿ 倒之前再攪拌一次蛋汁。

---

②

把蛋打進大碗公，使用調理長筷以像在切蛋白的方式仔細把蛋打散。把步驟①的調味液一點一點地加入，拌勻後過濾。

過濾讓口感滑順
把蛋和調味液拌勻後，用細孔網篩過濾蛋汁，除去蛋黃繫帶等雜質，同時讓蛋黃和蛋白均勻混合在一起。

---

①

先把調味液調勻。

調味液是1顆蛋的3.5倍要記得1顆蛋（L尺寸約60g）需要3.5倍(210ml)的調味液（高湯＋調味料）。茶碗蒸是1顆蛋用3～4倍的調味液來製作，水分越多口感越滑順，相對就不容易凝固。如果是在家中品嚐，就用這個可以品嚐到高湯香氣又能順利凝固不會失敗的比例。

韮菜嫩蛋

雖然簡單但時間點很重要，
用當季蔬菜來做吧！

- ☑ 蛋汁要在湯汁煮滾時倒入。
- ☑ 蛋汁倒入後就不攪動，用餘溫燜到鬆軟。

材料（2人份）

蛋…2顆
韮菜…1/2把（50g）

Ⓐ
- 高湯…1杯
- 淡色醬油…1大匙
- 味醂…2小匙

熱量 100卡
料理時間 10分

韮菜切成3cm的長度，把蛋打進大碗公，使用調理長筷以像在切蛋白的方式仔細把蛋打散。

把Ⓐ在鍋中調勻，用中火煮滾，放入韮菜煮1分鐘。把蛋汁繞圈淋入鍋中，轉小火略煮。

淋蛋汁時要確認湯汁是否已經煮滾

為了讓蛋能夠馬上凝固，要在湯汁煮滾的時候淋入。如果蛋沒有凝固就會流到湯汁裡導致湯汁混濁。此外火太大時會讓蛋瞬間變硬而產生蜂巢狀的空洞，因此在淋入蛋汁後要馬上轉小火。

蛋變成半熟狀態後關火，蓋上鍋蓋燜煮1～2分鐘。

靠餘溫也會熟，因此要早一步關火

蛋淋入後就不要用筷子攪動，因為這樣也會讓蛋汁流出，導致湯汁混濁。在快要變成半熟狀前關火，用餘溫燜到熟透鬆軟。

變化菜色 MEMO

韮菜之外，用菠菜、豆莢、荷蘭豆等也能做出美味的嫩蛋。

香草歐姆蛋佐牛奶醬

來做令人嚮往的軟嫩歐姆蛋！用簡單的醬汁來提升家常菜的氛圍。

④

全部煎到半熟後，讓平底鍋稍微傾斜，用橡皮刮刀把蛋推往鍋子邊緣塑形。

擠壓兩端就能完成最理想的歐姆蛋形狀

傾斜平底鍋，讓火位於歐姆蛋下方，把蛋輕輕推往鍋子邊緣，整理成杏仁狀。此時擠壓歐姆蛋的兩端但不要過度擠壓中間部分，這樣形狀就會變得很漂亮。

---

②

平底鍋用小一點的中火加熱1分鐘，讓它變溫熱，然後放入1大匙的奶油融化。在奶油完全融化之前把步驟①的蛋汁全部倒入。

在奶油還留有塊狀的時候倒入蛋汁

在奶油完全融化後才倒，可能會在倒蛋汁的過程中發生奶油燒焦的情形。奶油會在攪拌蛋汁時融化並和蛋融合在一起，所以不用擔心。火候維持小一點的中火，因為火候不強，就能不慌不忙地煎蛋。因此，澈底預熱平底鍋也是一大重點。

材料(1人份)

蛋…2顆
牛奶…1大匙
義大利巴西利*(切末)…1大匙
細蔥*(切蔥花)…1大匙
符合自己口味的香草…適量
●鹽、胡椒、奶油

熱量 350卡
料理時間 15分
*或合計2大匙也可以，
比例可以依個人喜好調整。

①

參考P.79來製作牛奶醬，把蛋打入大碗公，加少許鹽、胡椒，用叉子把蛋打散攪拌。放入牛奶、義大利巴西利、細蔥後拌勻。

✿ 加入牛奶就可以煎出鬆軟的蛋

仔細攪拌蛋黃和蛋白，但也不能攪拌過頭

用叉子戳破蛋黃後會比較容易攪拌，如果沒有完全打散，蛋煎好時就有一些地方變成白色，因此要完全打散，但也不可以過度，讓蛋白變得太稀，要讓蛋白保留一點濃稠程度和蛋黃一起攪拌。

---

⑤

成形後轉小火煎1分鐘讓蛋凝固，用橡皮刮刀伸入歐姆蛋的下方翻面，同樣再煎1分鐘。

---

③

用橡皮刮刀大動作地攪拌。

要大動作地攪拌

大動作、慢慢攪拌整體，就能讓歐姆蛋裡面軟嫩，但加熱時間太長就會變成炒蛋。

廚藝UP小技巧

- ☑ 蛋黃和蛋白要確實拌勻。
- ☑ 蛋汁要在奶油完全融化之前倒入,用小一點的中火煎。
- ☑ 要大動作地慢慢攪拌,一旦煎過頭就會變炒蛋!
- ☑ 利用平底鍋的弧度來完成美麗的形狀!

牛奶醬

材料(方便製作的分量)與做法

小鍋子放入1/2杯牛奶和1/4塊(西式)高湯塊,開小火融化高湯塊。把1/2大匙的太白粉和1大匙的牛奶拌勻後加入,一邊攪拌一邊勾芡。

反握平底鍋,讓平底鍋的邊緣接觸盤子,然後翻轉平底鍋將歐姆蛋盛盤,再淋上牛奶醬。

⭐ 蓋上廚房紙巾,沿著歐姆蛋的外緣調整形狀,就會讓形狀更漂亮。

MEMO

香草

除了義大利巴西利和細蔥之外,也可以混合茴香芹或蒔蘿等香料。歐姆蛋建議使用氣味芳香的新鮮香草,如果有剩下也可以裝點在歐姆蛋旁邊。

醬汁的變化

淋上雙重番茄醬汁

混合了新鮮番茄和番茄醬的雙重番茄醬汁(參考P.24),也和歐姆蛋非常對味。

搭配義式燉菜

搭配番茄和蔬菜燉煮的義式西西里島燉菜(參考P.104)讓分量加大。

番茄甜椒炒蛋
（巴斯克風歐姆蛋）

上面放了蔬菜醬汁的軟嫩歐姆蛋

材料(2人份)

蛋⋯4顆

紅甜椒⋯1/2顆

洋蔥⋯1/4顆

番茄⋯（小）1顆

大蒜⋯1/2瓣

生火腿⋯2片

義大利巴西利⋯適量

●橄欖油、鹽、胡椒

熱量 350卡

料理時間 25分

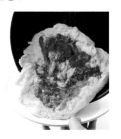

平底鍋加入1大匙的橄欖油後開中火，等鍋子熱了再倒入步驟④的蛋汁，一邊用橡皮刮刀大動作地攪拌一邊煎。

大動作攪拌讓整體受熱
倒入蛋汁後要大動作、慢慢攪拌，讓整體均勻受熱。攪拌時間過長會變成炒蛋，所以需要特別留意並大動作地攪拌。

炒到半熟後，加入步驟③的蔬菜，然後大動作地略為拌炒，放置一會等底面煎到凝固後就關火。

放上蔬菜略為拌炒
放上蔬菜後，大動作地劃圈攪拌1～2次，讓蔬菜散布到整片煎蛋上。有些部分是蛋、有些部份是蔬菜，這種狀態就是這道歐姆蛋好吃的地方。此外，過度攪拌會把蛋煎老，要特別注意。

盛盤時讓煎蛋滑到盤子上，把義大利巴西利的前端葉片撒在煎蛋上，放上撕成小片的生火腿。

✪ 因為蛋處於軟嫩的狀態，所以不要翻轉平底鍋，直接把蛋大膽地從平底鍋移到盤子上吧！

加入大蒜拌炒，飄出香味後放入番茄，蓋上鍋蓋燜煮10～15分鐘左右，並不時打開攪拌一下，把水分幾乎都收乾之後起鍋。

煮到沒有水分
番茄煮爛、變得濃稠後就關火，把蔬菜釋出的水分收乾，讓蔬菜的甘甜更顯突出。蔬菜的甘甜會和雞蛋的香醇融合為一體，成為美味的來源。

把蛋打進大碗公，加入少許的鹽、胡椒，先用叉子刺破蛋黃後再把蛋仔細打散。

廚藝UP小技巧

☑ 蔬菜的甘甜就是美味的來源，要把蔬菜的水分收乾。

☑ 蛋汁要大動作攪拌，煎到半熟。

☑ 放上蔬菜後，大略拌一下就停止！

甜椒、洋蔥切成細絲；番茄去除蒂頭，切成1cm見方的丁狀；大蒜切末。

平底鍋加入1又1/2大匙的橄欖油，放入甜椒和洋蔥，再加入1/3小匙的鹽及少許胡椒，用中火拌炒到蔬菜軟透。

✪ 蔬菜加鹽拌炒後會出水，很快就會變軟。

番茄甜椒炒蛋
法國巴斯克的鄉土料理，法文稱為 Piperade，是將甜椒或洋蔥炒過再用番茄燉煮的菜餚。可以搭配雞蛋，也可以當作醬汁使用，歐姆蛋等料理經常會附上生火腿。

番茄炒蛋

炒過的番茄和蛋是絕妙的組合，中國的經典家常菜。

⑤

平底鍋加入2大匙沙拉油，用中火加熱，炒步驟①的青辣椒。

> **炒蛋用多一點油！**
> 接下來會用這些油來炒蛋，所以要用比平常炒菜時稍微多一點的油來加熱使用。青辣椒已經把上部切掉，所以不用擔心會爆開。

⑥

青辣椒顏色變鮮豔後，一邊把步驟④的蛋汁一點一點地倒入，一邊大動作拌炒，炒到軟嫩後馬上盛盤。

> **蛋汁要一點一點慢慢倒，不要一口氣全部倒入**
> 不要像作歐姆蛋一樣一口氣把蛋汁全部倒入，而是要一邊將蛋汁慢慢倒入，一邊大動作拌炒。這樣才不會讓平底鍋的溫度下降，把蛋平均炒到鬆軟。

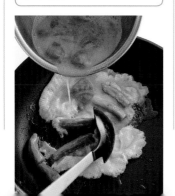

③

平底鍋倒入少許沙拉油用中火加熱，把步驟①的番茄稍微炒一下。

> **把番茄炒過濃縮甜味**
> 首先要把番茄炒過收乾水分，而不是先炒蛋再加番茄，這就是鮮甜滋味以及絕佳口感的祕密。

④

番茄全都沾上油後，把番茄連同流出的汁液一起放入步驟②的大碗公攪拌。

> **連同流出的汁液一起加入蛋汁中**
> 把番茄汁加入蛋汁裡可以做出鬆軟的煎蛋。番茄有鮮甜味，所以這麼做和加高湯有相同的效果。

材料（2人份）

蛋…（L）2顆
番茄…1/2顆（100g）
青辣椒…6根
●鹽、胡椒、沙拉油

熱量 220卡
料理時間 15分

①

番茄切成四等分的瓣狀後去皮。接著把每塊番茄再切成三等分；青辣椒把上部連同蒂頭一起平切去掉。

> **番茄去皮，活用種子和果汁**
> 雖然要去掉炒過會難以下嚥的番茄皮，但種子和周圍的汁液因為有鮮甜味，所以要保留起來。如果處理的量少可以不經熱水燙過，直接切成瓣狀再把皮薄薄削去，這樣反倒比較簡單。

把蛋打入大碗公，加入一小搓的鹽及少許胡椒後打散。 **②**

☑ 番茄去皮提升口感,並活用
　汁液。

☑ 先炒番茄,濃縮甜味。

☑ 炒蛋要用多一點的油,蛋才
　會鬆軟而不焦。

☑ 蛋汁要一點一點慢慢倒,從
　鍋底大動作攪拌。

雞蛋的複習

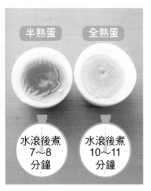

半熟蛋　全熟蛋

水滾後煮
7～8
分鐘

水滾後煮
10～11
分鐘

2

在小鍋子裡放入大概淹過雞蛋的水和少許的鹽（大約是1杯水對1/2小匙），放入雞蛋後開中火。水沸騰後轉小火開始計時，時間一到就立刻泡水冷卻（不冷卻蛋黃會發黑）。涼了以後剝殼。

（渡邊）

水煮蛋

1

為了方便剝殼，用乾淨的圖釘在蛋殼較圓那方的前端刺穿一個洞。

如何製作高湯

材料（成品約4杯）

雞翅（前端較細的部分）…13～15支
洋蔥（皮的正下方部分）…2顆的分量
紅蘿蔔皮…1根的分量
西洋芹的細莖…2～3根
巴西利的莖…1～2根
水…5杯

做法

雞翅用滾水快速燙過，瀝乾水分後放入壓力鍋，再放入其餘材料，蓋上鍋蓋後開火。壓力上升後，調整火候加熱10分鐘就關火靜置，等壓力下降後打開鍋蓋用網篩過濾。降溫到手可以觸摸的溫度後，去掉表面的油脂。

❂ 放入保存容器可以在冰箱保存 2～3天，冷凍的話可以保存三個月。 （脇）

＊如果沒有壓力鍋，可以把材料放入一般的鍋子裡，不蓋蓋子開火加熱，煮滾後轉小火再煮 1 小時左右。水分變少可以適時加水，不時撈除浮沫。

＊完全冷卻後在表面貼上一層保鮮膜再掀掉，油脂會附著在保鮮膜上，就能將油澈底去除乾淨。

西式（雞湯）

把從雞翅切下的前端部分（參考103頁）或蔬菜外皮等冷凍保存起來不要丟棄，累積到一定的量之後再一起燉煮，可以做出上等的高湯。

日式（柴魚高湯）

從燉菜到湯品都能使用的萬能高湯

材料（成品約4杯）

柴魚片…12g（1又1/2杯）
水…4又1/4杯

1

鍋中放入預定分量的水煮滾，放入柴魚片後用調理長筷略為攪拌，轉小火煮2分鐘。

2

網篩上鋪廚房紙巾把步驟1的高湯過濾，並仔細擰過榨取高湯。

❂ 放入保存容器可以在冰箱中保存 1～2天，要盡早用完。

（渡邊）

第 4 章

蔬菜為主的料理

和魚肉類等搭配後變成可以當作主菜的大分量配菜。

學會讓蔬菜躍升為主角的搭配組合。

不同於生食，品嚐蔬菜熟食的美味吧！

讓美味升級的重點就在於「事前處理」和「刀工」。

根莖類雜煮

讓湯汁緊緊裹住根莖類蔬菜，帶有稍濃的口味。

廚藝UP小技巧

☑ 想快速煮熟根莖類蔬菜，就要切成小一點的滾刀塊。

☑ 蔬菜要在不同時間點放入，才能漂亮地完成。

☑ 讓蔬菜吸飽高湯，調味料僅裹住表面，帶出味道的層次！

加入高湯，煮滾後蓋上鍋蓋用小火煮15分鐘。

首先讓食材吸飽高湯的味道
用高湯煮就好，煮到食材全都吸飽高湯的鮮味。

傾斜平底鍋，在高湯集中處加入Ⓐ，不蓋鍋蓋用中火煮，嫩豆莢去絲，用加入少許鹽的滾水略燙，泡水冷卻後斜切成兩半。

煮出光澤、收乾湯汁後關火盛盤，再撒上嫩豆莢。

煮到湯汁收乾！
把湯汁完全收乾，讓味道緊緊附著在食材表面。用木鍋鏟一邊輕輕移動一邊讓湯汁包裹住食材，不要把蔬菜弄散。如此一來，吸飽高湯的中心部分和滋味濃厚的表面會帶有多重層次的味道，怎麼吃都不會膩。

平底鍋加入1小匙的沙拉油熱鍋，放入雞肉，用中火煎到表面變色的程度。

添入1小匙的沙拉油，放入蓮藕、牛蒡、紅蘿蔔拌炒，所有材料都沾上油後再加入芋頭和香菇略為拌炒。

芋頭和香菇在不同時間點放入
芋頭會產生黏性，而香菇容易沾黏在平底鍋上，在炒過其他蔬菜後再加入這些材料，處理起來會比較方便。

MEMO
雜煮
混合各種材料一起煮的料理就稱為「雜煮」。

材料（2人份）

雞腿肉…（大）1/2片（150g）
芋頭…2顆（140g）
蓮藕…80g
牛蒡…1/2根（80g）
紅蘿蔔…1/2根（80g）
鮮香菇…3朵
嫩豆莢…4片
高湯（參考P.84）…1又1/2杯
Ⓐ ┌ 砂糖…1又1/2大匙
   └ 醬油…1又1/2大匙
●酒、沙拉油、鹽

熱量 330卡
料理時間 40分

雞肉切成3cm見方的大小，抹上1小匙的酒靜置5分鐘；芋頭和蓮藕削皮後切成四份，接著切成小一點的滾刀塊。每種材料分別稍微泡水，瀝乾水分。牛蒡用菜刀刀背刮去外皮後切成小一點的滾刀塊，稍微泡水後瀝乾水分；紅蘿蔔削皮後切成四份，接著切成小一點的滾刀塊；鮮香菇去蒂後切成四等分。

切成小一點的滾刀塊，縮短煮的時間
滾刀塊的切面多，很快就能把食材煮熟，把長纖維切短，讓蔬菜更好入口！

牛蒡用滾水煮5分鐘後，放到網篩瀝上乾水分。

☆牛蒡必須先水煮，因為牛蒡有澀味、不容易熟，所以就算費工還是要先稍微水煮，經過這樣的處理後，才能和其他材料同時煮好。

白菜牡蠣鍋

活用白菜的水分，把牡蠣煮得軟嫩。

⑤

倒入1/2杯的水，淋上1大匙的酒並撒上一小搓鹽，蓋上鍋蓋開中火煮，沸騰後轉小火，燜煮5分鐘。然後依個人喜好沾味噌豬排沾醬、柚子胡椒或柑橘醋醬油等醬料品嚐。

燜煮海鮮時要添加少量的酒

燜煮時為了讓食材容易釋出水分，一般都會加少量的鹽水來促進出水，遇到海鮮時還會再加少量的酒去腥，讓料理帶有清爽的滋味。

沾醬隨個人喜好！

如果想吃得清爽就沾柑橘醋醬油，想凸顯辣味就沾柚子胡椒，另外用八丁味噌製作的甜鹹味噌豬排沾醬也很對味。

味噌豬排沾醬
材料(約100ml的分量)與製作方式
把50g的八丁味噌、2大匙的砂糖及1大匙的味醂放入鍋中攪拌均勻，慢慢加入1/4杯的水把醬料調開。開中火煮，煮滾後轉小火，一邊攪拌一邊熬煮。

陶鍋

MEMO

陶鍋可以把燜煮好的料理直接端上桌，所以很推薦使用，但也可以用加蓋的鍋子或平底鍋。

③

在小一點的陶鍋(外緣直徑約20cm)內鋪滿白菜梗後，再將葉片放在梗上。

❀ 把不易熟的白菜硬梗放在下面就能有效率地煮熟。

④

把牡蠣彼此分開排在步驟③的白菜上方。

因為在白菜上方燜煮，所以牡蠣會煮得軟嫩

因為白菜釋出水分的緣故，讓牡蠣加熱也不用擔心會變硬！

材料(2人份)

白菜…250g
牡蠣…8個（160g）
味噌豬排沾醬(參考左方說明)
　…適量
柚子胡椒…適量
柑橘醋醬油（市售）…適量
●鹽、酒
熱量 130卡
料理時間 15分

①

牡蠣在淡鹽水中輕輕地搖晃清洗，確認是否有殼附著。多次換水沖洗牡蠣，再放到網篩上瀝乾水分。

❀ 因為牡蠣在洗淨過後一段時間會出水，所以要在開始調理前再清洗。

白菜切成8cm長度後，再切成1cm寬的細條，然後把梗和葉片分開放。

②

白菜切成快熟的細條

和不可煮過頭的牡蠣一起煮時，把白菜切成細條就會熟得快，可以和牡蠣一起煮好，而且白菜容易釋出湯汁，還可以增加鮮味，一石二鳥。

柚子胡椒

柑橘醋醬油

味噌豬排沾醬

☑ 白菜細切成條讓口感清脆。

☑ 利用蔬菜的水分把海鮮煮得軟嫩。

☑ 燜煮海鮮時一定要使用「鹽水＋酒」。

白菜雞肉丸子鍋

煮到軟爛的白菜是主角。

③ 把湯汁材料放入小一點的陶鍋（外緣直徑約20cm）加熱，再用沾濕的湯匙舀起步驟①的肉餡，每次舀起1/6的分量投入湯裡。

❂ 因為雞肉丸子的肉餡很柔軟，所以要用小刮刀之類的工具協助做成丸子狀再投到湯裡。先放入雞肉丸子，把鮮味煮進湯裡。

④ 撈去浮沫，放入步驟②的白菜，然後蓋上鍋蓋用小火燜煮10分鐘，就可以添加喜愛的佐料配著吃。

② 白菜縱切成兩半，再斜切成4cm的長度。

想把白菜煮得軟爛，就要斜切成較寬的白菜段
把白菜纖維切短、切成較寬的白菜段，可以讓白菜煮得軟爛又入味，而變得十分美味。另外，讓切口面積變大的斜切法還有讓食材容易熟的好處。

① 把雞絞肉放入大碗公，撒上1/6小匙的鹽（1g／雞肉重量的1%）及少許的胡椒，揉捏到產生黏性。加入蔥、薑和1小匙的麵粉及1大匙的水攪拌。

在材料裡加水來提升鬆軟度！
讓絞肉吸收水分的話，雞肉丸子煮過還是會很鬆軟。

MEMO
湯底收尾的吃法
加入烏龍麵或麻糬也很好吃。

材料（2人份）

白菜…250g
雞絞肉…100g
蔥（粗末）…5cm的分量（15g）
薑（切末）…1/2個大拇指指節左右的分量（約7.5g）

湯汁
- 高湯（參考P.84）…4杯
- 淡色醬油…2大匙
- 味醂…1小匙

佐料
- 細蔥（蔥花）、薑（磨成泥）、
- 七味辣椒粉、山椒粉…皆適量

●鹽、胡椒、麵粉

熱量 130卡
料理時間 20分

廚藝UP小技巧

☑ 學會雞肉丸子的做法。

☑ 因為想把火鍋裡的白菜煮到軟爛，所以斜切。

豬肉燉蘿蔔

白蘿蔔先用微波爐加熱後再煮，
就會像花時間慢慢燉煮過一樣好吃。

材料(2人份)

蘿蔔(2.5cm厚的圓塊)…4塊（360g）
豬肉片…120g
高湯 (參考P.84)…1杯

A ┌ 醬油…2大匙
  │ 味醂…2大匙
  └ 砂糖…1大匙

熱量 270卡
料理時間 35分

廚藝UP小技巧

☑ 把微波爐聰明運用在白蘿蔔的事前加熱上。

☑ 學會燉煮湯汁的程度掌握！

③

一邊將湯汁澆淋在白蘿蔔上，一邊收乾湯汁煮3～4分鐘，直到剩大約3大匙左右就關火。

用湯汁的味道來調整收乾的程度
試試湯汁的味道，如果味道剛好，多留一點湯汁也 OK。

隱形刀痕 MEMO
為了在擺盤時看不出來，所以選擇在材料背面用菜刀刻劃刀痕，也讓材料容易煮熟。

②

把高湯和白蘿蔔放入平底鍋後開中火煮，煮滾後蓋上鍋蓋用小火燉煮5分鐘。然後加入Ⓐ後蓋上鍋蓋煮5分鐘，期間要把白蘿蔔翻面，接著用調理長筷將步驟①的豬肉片分散放入鍋中，一邊攪拌一邊煮到熟。

✪ 把豬肉放進白蘿蔔之間的空隙，在湯汁裡涮肉，把肉迅速煮熟。

①

白蘿蔔削皮後，在單面劃上十字刀痕（隱形刀痕），排列在耐熱盤上，淋上1大匙的水後蓋上保鮮膜，用微波爐（600W）加熱8分鐘左右，直到竹籤可以順利刺穿；豬肉切成5～6cm的長度。

使用微波爐的話，就能在短時間內煮軟
與鍋子水煮相比，調理時間大約縮短到原本的 1/3，不僅能和豬肉同時煮好，調味料也變得容易入味。

清燉彩蔬

保留西洋蔬菜的色彩，爽口的燉菜。

材料(2人份)

南瓜…1/6顆（250g）

紅甜椒…1顆

櫛瓜…1根（140g）

Ⓐ ⌈ 高湯（參考P.84）…1又1/2杯
　 淡色醬油…1又1/2大匙
　 ⌊ 味醂…1又1/2大匙

熱量 180卡

料理時間 25分

南瓜挖去中間的籽和纖維,切成2cm見方的大小;甜椒去蒂去籽,切成2cm見方的大小;櫛瓜切成四份,再切成2cm的寬度。

切得小一點,防止煮得不均勻
把食材都切小一點的話,就算同時開始煮多種蔬菜,也能讓所有食材都很快煮熟,不容易發生煮得不均勻的情形。

用鍋子以中火把Ⓐ的高湯煮滾,然後放入步驟①的蔬菜,再度煮滾後蓋上鍋蓋用小火燉煮5分鐘。

⭐因為蔬菜會出水,而且會蓋上鍋蓋燉煮,所以高湯要低於蔬菜,稍微少一點就足夠。先讓蔬菜吸飽高湯的味道,就能煮得柔軟。

舀起湯汁反覆澆淋,煮7～8分鐘直到南瓜變軟。

澆淋湯汁
因為食材容易煮散,所以不攪拌而是從上方澆淋湯汁!

加入Ⓐ的淡色醬油和味醂,然後試試湯汁的味道,確認鹹味和甜味是否均衡。

調味料不要直接淋在蔬菜上
為了呈現漂亮的顏色,並讓整體的味道均勻,要把鍋子傾斜後再倒入醬油和味醂!另外,為了保留蔬菜的色彩要使用淡色醬油,記得比例是「淡色醬油:味醂＝1:1」喔!

試試湯汁的味道,如果不夠鹹可加少許淡色醬油,如果不夠甜則加少許味醂來調味。關火後靜置一段時間,讓味道滲入食材中。

最後再次確認一次
鹹味和甜味的均衡度
因為蔬菜會出水,有時會導致鹹甜失衡,所以試過味道之後再做調整,然後冷卻後味道會感覺比較重,所以想像一下比冷卻後的味道要淡一點的感覺。

廚藝UP小技巧

☑ 料理烹煮狀況不一的蔬菜時,切成小一點的大小。

☑ 學會保留蔬菜色彩與味道的烹煮方法以及湯汁的添加比例。

☑ 要讓食材順利吸飽湯汁的味道,就不要翻動食材並不斷澆淋湯汁。

☑ 最後一定要確認味道。

MEMO

品嚐方式
直接熱熱的吃或完全放涼後再吃都很美味。

三杯醋

材料(方便製作的分量)
與做法

把1杯醋和2小匙的醬油調勻，加入3大匙的砂糖及1小匙的鹽仔細攪拌，直到砂糖和鹽完全溶解。

⭐放入保存容器可以在冰箱保存 1～2 個月。

材料(2人份)
秋葵⋯10根
山藥⋯160g
水煮章魚⋯80g
┌ 三杯醋（參考左
│ 方說明）⋯3大匙
└ 高湯（參考P.84）
　　⋯2大匙

●鹽

熱量 120卡
料理時間 10分

廚藝UP小技巧

☑ 學會基本的三杯醋後，把發揮高湯風味的現代三杯醋也學起來。

☑ 用保有口感的方式切，讓大小也一致！

☑ 遵守「涼拌三原則」：
①使用放涼的材料
②瀝乾水分
③食用前才拌！

現代風醋拌秋葵山藥

不敢吃太酸的人的也會喜歡的醋涼拌，就像吃沙拉的感覺。

醋拌蘿蔔小黃瓜

材料（2人份）
白蘿蔔…100g
小黃瓜…1根
毛豆（帶豆莢）…100g
蘘荷…1個
三杯醋（參考P.94）…3大匙
●鹽

熱量 70卡
料理時間 15分

①白蘿蔔削皮，順著纖維切成4～5cm長的細絲。撒上兩小搓的鹽（約1/6小匙），靜置5分鐘左右等白蘿蔔變軟，再把水分確實擰乾；小黃瓜斜切成4～5cm長的薄片後再切成細絲，撒上兩小搓的鹽，靜置5分鐘左右等小黃瓜變軟，再擰乾水分。
②滾水加鹽（3杯滾水對1/2小匙的鹽），放入毛豆燙7～8分鐘，再用網篩瀝乾水分，把豆子從豆莢裡取出後放涼。
③蘘荷縱切成兩半後再切成細絲，泡水2分鐘。
④把步驟①到③的食材放入大碗公裡拌勻，食用之前再淋上三杯醋略為攪拌。

把高湯加入三杯醋調勻。

加入高湯讓酸味變得溫和
三杯醋加了高湯，酸味就會變成現代的溫和風味，讓醋涼拌擁有柔和的滋味。

把步驟①到③的食材放入步驟④的大碗公裡，略為攪拌後就可以盛盤。

食用前才拌
太早拌會讓秋葵和山藥的顏色因為醋的關係而變得不好看，章魚也會緊縮變硬，所以最好是食用前才拌。

MEMO

三杯醋
可以直接用來醃漬小黃瓜或薑，也可以淋在蘿蔔泥上，還可以加入高湯或油做變化。

滾水加鹽（3杯滾水對1/2小匙的鹽），接著放入秋葵，浮起來後用網杓壓住，再次沸騰後繼續煮1分鐘，然後泡冷水冷卻，再瀝乾水分、切掉蒂頭、斜切成兩半。

秋葵要放涼、確實瀝乾水分
為了不讓秋葵的味道變淡，一定要在放涼後確實瀝乾水分，另外，切得大塊一點也是重點之一。

山藥用湯匙刮去外皮，略為清洗後擦乾水分，切成4cm長、1cm見方的長條狀。

山藥順著纖維切成長條狀
把山藥的長度切成和切半的秋葵一樣，就能在入口時擁有相同的均衡感。另外，順著纖維切還能保有爽脆的口感。

水煮章魚斜切成薄片。
✪試吃章魚，若味道較鹹，切薄一點會比較好入口。

奶油雞肉燉菜

用大塊蔬菜和雞肉做成的奶油燉菜。

材料(2人份)

Ⓐ*
- 白蘿蔔⋯4～5cm
- 紅蘿蔔⋯（小）1根
- 洋蔥⋯1/2顆
- 西洋芹⋯1/2根
- 洋菇⋯3～4朵
- 蓮藕⋯（小）1截

馬鈴薯（五月皇后）⋯1顆
雞腿肉（帶骨／火鍋用雞肉塊）
⋯350g

白醬
- 奶油、麵粉⋯各24g**
- 雞肉和蔬菜的熬煮湯汁
  ⋯2杯
- 鮮奶油⋯1/4杯

● 鹽、胡椒

熱量 420卡
料理時間 45分

＊除了洋菇以外，Ⓐ的蔬菜皆以100g為基準。
＊＊奶油約2大匙，麵粉約3大匙。

廚藝UP小技巧

- ☑ 因為要慢慢煮，所以蔬菜可以切得大塊一點。
- ☑ 雞肉汆燙後去除雜質。
- ☑ 容易煮散的馬鈴薯要在不同時間點加入。
- ☑ 白醬要仔細炒到冒出白色泡泡且變得滑順。
- ☑ 把含有雞汁和蔬菜湯的熬煮湯汁活用在白醬上！

⑤

製作白醬要用另一個加厚鍋開中火融化奶油，然後暫時關火，加入麵粉用打泡器仔細攪拌。再次開火，在整體冒出白色泡泡前，一邊加熱一邊攪拌避免燒焦。

奶油和麵粉等量，仔細炒到冒白泡為止
基本的白醬基底是用等量的奶油和麵粉組成，製作重點是要炒到冒出白色泡泡、質感變滑順，而且散發出像烘焙點心的香氣為止。

⑥

把步驟④的菜湯一次全部倒入，再用打泡器仔細拌勻，煮滾到產生濃稠度後，加入鮮奶油攪拌。

煮雞肉和蔬菜的湯要一口氣倒入
白醬一般使用牛奶，但如果要做奶油燉菜，就要改用富含食材湯汁的菜湯，這時候加入鮮奶油，就可以煮出奶製品的乳白色和香醇口感。

⑦

把卡在鍋子角落的醬汁用橡皮刮刀集中起來，再用打泡器仔細攪拌整體，等醬汁變滑順後倒入步驟④的鍋子內攪拌，用小火煮5分鐘左右等食材入味，最後試試味道，用少許的鹽和胡椒調味。

③

把步驟②的雞肉和Ａ的蔬菜放入加厚鍋裡，再加入1又1/2杯水與1又1/3小匙的鹽，蓋上鍋蓋開中火，煮滾後轉成小一點的中火煮15分鐘。

✪用加厚鍋蓋上鍋蓋水煮的話，因為蔬菜本身也會出水，所以如果加入的水量會讓你覺得「會不會放太少啊？」那水量應該就可以讓食材保持略高於水位的狀態。

④

放入馬鈴薯，再蓋上鍋蓋煮10分鐘，關火後舀出湯汁，如果不夠就再補充熱水，讓湯汁保有2杯的分量。

馬鈴薯在不同時間點加入
容易煮散的馬鈴薯要之後再放，即使切得比較大塊，經過10分鐘燉煮也還是會變軟。

馬鈴薯
MEMO
燉菜建議使用不易煮散的五月皇后品種。

汆燙
把魚、肉類快速過熱水，讓表面的雜質、髒汙凝固並加以去除的前置處理方式。

①

白蘿蔔、紅蘿蔔切成2～2.5cm厚的扇形或是半圓形；洋蔥切成三等分的瓣狀，再對半切成一半的長度；西洋芹粗的部分縱切成三等分，細的部分切成兩半，接著切成2～2.5cm的寬度；洋菇切去菇腳，如果比較大朵就縱切成兩半；蓮藕切成滾刀塊；馬鈴薯切成四等分，分別泡水並瀝乾水分。

蔬菜切大塊一點，馬鈴薯要泡水
因為會和帶骨雞肉一起慢慢煮，所以蔬菜可以切大塊一點。馬鈴薯和蓮藕泡水後，表面的澱粉會脫落，這樣就不容易煮散，也能更快煮熟。

②

在鍋中煮沸大量的熱水，放入雞肉汆燙1～2分鐘後撈起。

雞肉汆燙後去除雜質
雞肉用「霜降」技巧（參考P.58）快速汆燙後，讓表面的雜質、髒汙凝固後去除，藉此抑制食材的油膩感與腥臭味，煮出澄清不混濁的湯。

焗烤菠菜水煮蛋

使用和菠菜很對味的白醬做成焗烤。

③

煮水煮蛋時,把蛋放入小鍋子,加水到蛋的一半高度,蓋上蓋子開中火,水沸騰後轉成小一點的中火再煮12分鐘,然後把蛋泡入冷水,剝殼、縱切成兩半。

製作白醬時,把牛奶倒入耐熱容器,用微波爐（600W）加熱2分鐘左右；奶油放加厚鍋,用中火加熱融化,然後關火,加入麵粉用打泡器攪拌,再開火炒到整體都冒出白色泡泡為止。
④

> **奶油和麵粉等量,要確實炒香**
> 炒到冒出白色泡泡、質感變得滑順並且散發出烘焙點心般的香氣是白醬製作的重點。

①

在鍋中把熱水煮沸後放入少許的鹽,分次水煮菠菜,每次煮1/3的分量,變成翠綠色後馬上撈起來泡冷水。

> **為了不讓水溫下降,**
> **把菠菜分小把燙出漂亮的顏色**
> 把一整把菠菜一次放入會讓熱水的溫度下降,導致加熱速度變慢,所以把菠菜分三次放入,迅速燙過就撈起來吧！

把全部菠菜都燙過並泡入冷水,用手晃動菠菜讓葉片在水中散開降溫。切去根部,再切成3～4cm的長度後擠乾水分,撒上少許的鹽、胡椒後拌匀。
②

> **泡冷水時,一邊攪拌讓溫度一口氣冷卻下來**
> 光是泡冷水無法讓菠菜中間冷卻下來,所以用手攪拌讓葉片像在水中游動一樣,溫度就能快速冷卻呈現鮮豔的顏色。

材料（3人份）

菠菜…1把（200g）
蛋…3顆
白醬
┌ 奶油、麵粉…各24g*
│ 牛奶…1又1/2杯
│ 鹽…1/2小匙
└ 胡椒、肉豆蔻…各少許
披薩用起司…40g
●鹽、胡椒

熱量 300卡
料理時間 35分

*奶油約2大匙,麵粉約3大匙。

廚藝UP小技巧

☑ 菠菜分成小把水煮。

☑ 燙好的菠菜要迅速冷卻顏色才會鮮豔。

☑ 把白醬確實炒香是不失敗的祕訣。

☑ 一口氣加入牛奶,仔細拌匀產生濃稠度。

⑦

把水煮蛋切面朝下放在菠菜上，淋上剩下的白醬，撒上起司，在預熱到210℃的烤箱裡烤15～18分鐘，直到表面出現焦色。

⑥

把步驟⑤的1/3量倒入步驟②的菠菜中，讓白醬均勻裹住菠菜，然後放入耐熱容器中。

把事先熱好的牛奶一口氣倒入攪拌，加入鹽、胡椒、肉豆蔻，一邊攪拌一邊煮到滾，讓醬汁產生濃稠度。 **⑤**

用牛奶稀釋，
煮滾讓醬汁產生濃稠度

只要先把奶油和麵粉確實炒過，就算把溫熱的牛奶一口氣全倒入也不會結塊，所以不用慌張，一邊用打泡器仔細攪拌一邊把醬汁煮滾吧！

☑ 燉湯的肉塊使用肉纖維緊實的部位。

☑ 製作鹹豬肉要慢火燉煮，把豬肉湯汁用在燉湯上。

☑ 蔬菜要切大塊才會煮得更好吃！

☑ 容易煮散的馬鈴薯要在不同時間點放入。

材料(3～4人份)

高麗菜…1/4個
鹹豬肉
┌ 豬小腿肉（或肩里肌肉）
　　…500g
└ 鹽…15g*
香草束**…1束
洋蔥…（小）1顆
紅蘿蔔…1根
西洋芹…（小）1根
馬鈴薯（五月皇后）…2顆
●鹽、胡椒

熱量 370卡
料理時間 1小時15分

＊以肉重量的3%為基準。
＊＊參考P.101。如果沒有也可以用一片月桂葉。
＊＊＊不含製作鹹豬肉的時間。

高麗菜豬肉清湯

用鹹豬肉的美味湯汁把高麗菜燉到入口即化。

①

製作鹹豬肉時，豬肉放入塑膠袋，加入預備分量的鹽，讓鹽均勻滲入。擠出袋內空氣並封緊開口，在冰箱冷藏6小時到一整晚。

肉塊使用油花少的部位

如果是要花時間燉煮，建議使用纖維緊實的小腿肉，但如果只是很快速煎過，只會變得又硬又不好吃，所以用小一點的火長時間加熱，肉質就會軟嫩到讓人驚艷，味道也會變得很鮮美。

香草束的製作方法

把香草束用於燉煮料理，可抑制魚、肉類的腥味並增添香氣。將百里香1～2小段和月桂葉1片，以及西洋芹、巴西利各1～2小段與1/2小匙的黑胡椒（整粒）放在蔥外側的皮（約10cm）上包起來，用棉線繞圈綁緊。處理香料蔬菜時產生的外皮、殘渣可以拿來製作香草束，冷凍備用會很方便。

②

把鹹豬肉從袋中取出，沖水清洗後放入鍋中，加進1.5L的水和香草束後開火煮，煮滾後轉成小火，一邊撈去浮沫一邊煮45分鐘。

鹹豬肉慢火燉煮，煮肉的湯汁也要利用

把豬肉做成鹹豬肉濃縮鮮味，所以煮肉的湯汁也含有鹽分，最適合用在燉煮料理上。除此之外，也可以加入薑、大蒜、醬油，做成拉麵的湯頭！

③

高麗菜、洋蔥保留莖，直接縱切成兩半；紅蘿蔔的長度斜切成四等分；西洋芹對半切成一半的長度；把一整顆馬鈴薯切成兩半後泡水。

蔬菜要切大塊一點，馬鈴薯要泡水

因為要慢火燉煮，所以要把蔬菜切成大塊。馬鈴薯泡水後表面的澱粉會脫落，才不容易煮散，湯汁也不會混濁。

④

把洋蔥、紅蘿蔔、西洋芹放入步驟②的湯鍋，蓋上鍋蓋煮10分鐘，再放入高麗菜煮5分鐘。

⑤

最後放入馬鈴薯，蓋上鍋蓋煮10～15分鐘。試試味道，加適量的鹽、胡椒調味。

馬鈴薯要在不同時間點放入

容易煮散的馬鈴薯要之後才放，就算切成大塊，只要煮10～15分鐘就會變軟。

MEMO

塊狀小腿肉

雖然到專賣店購買是最確實的方式，但如果無法取得也可以使用肩里肌肉。如果是肩里肌肉，做成鹹豬肉之後的燉煮時間要改成35分鐘。

要品嚐時

把料和湯分開享用吧！豬肉切等分和蔬菜一起盛盤，肉可以依個人喜好沾顆粒芥末醬，而蔬菜則是撒鹽享用。

烤雞翅與夏季蔬菜

學會把蔬菜烤得外焦內軟的訣竅。

材料(2人份)

茄子…2條

櫛瓜…1/2根

南瓜…1/8顆（約120g）

洋蔥（切圓片）…2片

雞翅…6支

●鹽、橄欖油

熱量 300卡

料理時間 30分

雞翅切去前端，用菜刀尖端把兩根骨頭之間的關節切開。

❂ 先把雞翅的上下關節切開，骨肉就容易分離，會變得方便食用。

雞翅放進塑膠袋，加入比1/2小匙多一點的鹽（比肉重量的1%少一點），連袋子一起搓揉讓鹽滲入。擠出袋內空氣並封緊開口，靜置15分鐘左右。

茄子切掉蒂頭，縱切成2～3等分，在切面撒上少許的鹽；櫛瓜切掉蒂頭，縱切成兩半；南瓜挖去中間的籽和纖維，切成1.5cm厚的瓣狀。

茄子撒鹽逼出苦澀味

在茄子切面撒鹽後放置一會，讓苦澀味連同水分一起逼出來。

先把牙籤插到深入洋蔥中心的位置，再切成1cm寬的圓片。

洋蔥先插牙籤後再切

為了不讓洋蔥在翻面燒烤時散開，要先插牙籤再切成圓片，另外把牙籤泡水可以預防燒烤時變得焦黑。

用廚房紙巾擦乾步驟③的茄子出水，然後整體塗上橄欖油，其他的蔬菜也同樣塗上，一起排列在烤架上。

烤網上不塗油，
而是塗在蔬菜上！

烤網上不塗油，而是塗在蔬菜的整個表面，這樣燒烤時比較不容易沾黏，可以把食材烤得漂亮。另外，也會讓食材表面溫度升高，所以很快就能烤得焦香，這也是好處之一。

雞翅的前端　MEMO

先把可食用部分少的前端切除，直接冷凍累積起來不要丟棄，可以用來熬製高湯。（參考 P.84）

在茄子以外的蔬菜上撒鹽，用中火的烤架烤蔬菜的兩面，茄子、櫛瓜要烤出淡淡焦色且變軟，洋蔥要烤到變透明且變軟。用竹籤插入南瓜，確認燒烤程度。

❂ 如果是單面燒烤的烤架需要在過程中翻面。

視情況調整燒烤的程度

食材的熟度會受到烤架的機種或材料量的影響而有所不同，如果發生表面烤焦中間卻還沒熟的情況，可以把火調小、改雙面烤為單面烤，或是蓋上鋁箔紙等。

蔬菜烤好後拿起來，擺上步驟②的雞肉，盡量不要打開烤箱門（為了不讓烤箱內的溫度下降），兩面共烤8分鐘左右。然後把雞翅和蔬菜盛盤，擺放得色彩繽紛，依個人喜好附上鹽及橄欖油。

烤盤也是一樣

不論是使用鐵製的烤盤或烤網燒烤，還是在戶外使用BBQ烤架，食材的前置處理都相同。油塗在烤盤或烤網上都會產生油煙，所以要直接塗在蔬菜上，確實預熱之後再開始烤。

西西里島燉菜

只靠蔬菜的水分燉煮，義大利版的普羅旺斯雜燴。

材料(2～3人份)

茄子…3條（300g）

洋蔥…1/2顆

西洋芹…1/2根

大蒜…1瓣

小番茄…1/2包（約100g）

A
┌ 鹽…1/3小匙
│ 砂糖…1又1/2小匙
└ 月桂葉…1片

義大利香醋*…1/2小匙

●鹽・橄欖油

熱量 130卡

料理時間 25分

*也有人直譯為巴薩米克醋。

加入Ⓐ、大蒜、小番茄，蓋上蓋子以小火燜煮5分鐘左右。

打開蓋子，再煮7～8分鐘把水分收乾，煮的同時要不時攪拌。加入義大利香醋後把火關上，攪拌一下讓整體混在一塊後盛盤。

不時攪拌把水分收乾

為了把蔬菜燜煮時釋出的水分收乾，煮的同時要不時攪拌，讓味道濃縮起來，這樣即使只有蔬菜也能做出滋味濃厚的燉菜。

MEMO

西西里島燉菜（Caponata）

義大利西西里島的代表料理，一定要放茄子，而且酸甜的口味是特徵。

把2大匙的橄欖油放入鍋中，接著放入洋蔥、西洋芹，並從Ⓐ的鹽取出一小搓撒進鍋裡，用中火炒到蔬菜變軟為止。

蔬菜要確實拌炒！

如果慢慢炒到洋蔥變透明，蔬菜就會飄出香味，甜度也會增加，所以只要花一點時間將蔬菜炒過，味道馬上就會升級。

用廚房紙巾把茄子上下包夾住，擦乾茄子釋出的水分，加入步驟③的鍋子，炒到充分沾滿油。這時候如果油不太夠，可以補進1大匙的橄欖油。

用廚房紙巾把茄子擦乾

茄子用廚房紙巾夾住，由上而下輕輕按壓，讓紙巾把水分吸乾。茄子一擠壓，鮮味就會跟著水分一起流失，所以只要擦過就 OK。

廚藝UP小技巧

☑ 茄子撒鹽，逼出水分後除去！

☑ 要提升蔬菜的甜味，就要確實拌炒。

☑ 把蔬菜燜煮後釋出的水分收乾，濃縮味道。

茄子切掉蒂頭，再切成1.5cm見方的大小，撒上2/3小匙的鹽（茄子重量的1%），靜置5分鐘左右，讓鹽全部均勻滲入。

茄子拌鹽，逼出水分

所有的茄子都撒上鹽，靜置5分鐘左右，茄子表面就會浮出水分，把這些水分除去可以讓茄子澈底入味，還能抑制茄子的吸油量，避免變得過於油膩。

洋蔥、西洋芹也切成1.5cm見方的方丁；紅蘿蔔切末；小番茄去蒂，橫切成兩半。

❀洋蔥如果先切成 1.5cm 厚的圓片後再切，可以切得毫不浪費又快。

材料（2人份）

馬鈴薯（五月皇后）…1～2顆（150g）
四季豆…9根
番茄…1顆

●鹽

熱量 340卡
料理時間 25分＊＊＊

＊方便製作的分量，可視情況增減。
＊＊白酒醋、米醋也可以，如果是用米醋，
把分量增加到2大匙來調整酸味平衡就好。
＊＊＊不含煮水煮蛋的時間。

青椒…1顆
黑橄欖…10顆
鮪魚（罐頭／塊狀／參
考MEMO）…120g
鯷魚（魚柳）…4片
全熟蛋…2顆
皺葉萵苣…50g

沙拉醬＊
┌紅酒醋＊＊…1小匙
│鹽…1/2小匙
│法式芥末醬…1小匙
│胡椒…少許
└橄欖油…4～5大匙

尼斯風沙拉

利用橄欖和鯷魚的鹽分享用蔬菜的美味。

①

馬鈴薯切成1.5cm寬的半圓形後泡水，瀝乾水分後放入鍋中，重新倒入略低於馬鈴薯的水，加入1/3小匙的鹽，蓋上鍋蓋開中火，煮滾後把火關小煮8～9分鐘，等竹籤可順利刺穿就放到網篩上放涼到手可以觸摸的溫度。

> **利用少量的水加蓋子提升水煮的效率**
> 馬鈴薯削皮、切成方便食用的大小，蓋上鍋蓋用少量的水分水煮，就能在短時間內把馬鈴薯煮軟。馬鈴薯不會煮散的祕訣在於使用五月皇后的品種泡水讓表面的澱粉脫落，並加入少許的鹽水煮。

廚藝UP小技巧

- ☑ 煮馬鈴薯的水要少一點，使用鍋蓋燜煮，讓馬鈴薯不會散掉。
- ☑ 把四季豆燙軟一點，品嚐它的甜味。
- ☑ 青椒從尾部開始切成圈狀，可以切得又穩又快。
- ☑ 沙拉醬要注意調味料的攪拌順序。

②

較粗的四季豆縱切成兩半，用加了少許鹽的滾水把四季豆燙軟後，放到網篩上放涼到手可以觸摸的溫度；番茄去蒂切成一口大小的滾刀塊。

> **四季豆燙軟一點，帶出甜味**
> 涼拌菜雖然重視最後成品的色相，但燙軟一點會帶出甜味，是另一種不同的美味。在縱切四季豆時要與絲平行，這樣豆莢的切面才會漂亮。

③

青椒從尾部開始切成2～3mm厚的圈狀，種子出現後，就從上方將籽連同蒂頭一起挖掉，把剩下的部分也切成圈狀。

> **切青椒圈要從尾部開始**
> 用這個方法可以切得平整，青椒的種子也不會四散。蒂頭的部分可以用手指由上往下壓，或是用瓶子的鋁蓋挖掉就可以簡單去除。

④

瀝乾黑橄欖的水分，也稍微瀝掉鮪魚罐頭的水分；鯷魚斜切成方便食用的長度；水煮蛋剝殼，切成四等分的瓣狀。

⑤

調製沙拉醬時，大碗公裡放入紅酒醋及鹽，仔細攪拌讓鹽溶化，加入法式芥末醬和胡椒，一邊倒橄欖油一邊仔細攪拌，再把比1大匙少一點的沙拉醬加入步驟①的馬鈴薯中仔細攪拌。

✿ 不容易入味的馬鈴薯先用少量的沙拉醬拌過。

> **沙拉醬要注意材料放入的順序！**
> 因為鹽不容易溶於油，所以先把鹽和醋混勻，讓鹽溶化，接著把結合醋和油的黃芥末加入，最後才倒油仔細攪拌。

⑥

萵苣洗淨後確實瀝乾水分，再撕成小片擺盤，把步驟②到步驟⑤的材料用漂亮的配色擺上，然後淋上適量的沙拉醬。

✿ 因為鯷魚和黑橄欖本身有鹽分，所以一邊吃一邊試味道，如果不夠鹹可以一點一點地加進沙拉醬。

MEMO

尼斯風
法國的尼斯地區是橄欖和番茄的知名產地，所謂的「尼斯風」大多運用這兩個要素，沙拉使用馬鈴薯、四季豆及鯷魚等材料。

鮪魚罐頭
「塊狀」是指沒有把魚肉弄散的款式。

黑橄欖
剩餘的部分要瀝乾汁液用夾鍊袋冷凍起來，這樣可以保存2個月。鯷魚也可以用小容器連同油脂一起冷凍起來，可保存約1個月。

紅燒蘿蔔肉丸

白蘿蔔先蒸再煮，這樣就能享用到充滿鮮甜的燉菜。

把2又1/2杯的水倒入平底鍋後開中火，煮滾後放入肉丸，一邊上下翻轉一邊煮5分鐘左右，期間出現浮沫就撈掉。

肉丸一定要在水滾之後再放入
肉丸如果在水滾之前放入會容易煮散，因此一定要在水滾之後再放入，讓肉丸一口氣煮熟凝固。

製作肉丸時，把豬絞肉放入大碗公，再加入蛋、酒及醬油仔細揉捏攪拌，一旦產生黏性後就加入太白粉，進一步揉捏攪拌。

產生黏性後拌入太白粉
太白粉扮演結合的功能，加入絞肉可以防止肉丸煮散。如果一開始就拌入太白粉會不容易產生黏性，要特別留意。先把肉柔捏到彼此緊貼，再加入太白粉攪拌，就是把肉丸煮得鬆軟的祕訣。

材料（2人份）

白蘿蔔…1/4根（300g）
肉丸
 ┌ 豬絞肉…200g
 │ 蛋…1顆
 │ 酒…1小匙
 │ 醬油…2小匙
 └ 太白粉…1小匙
 ┌ 砂糖…1小匙
A│ 酒…2大匙
 └ 醬油…3大匙

熱量 320卡
料理時間 50分

白蘿蔔削皮，縱切成四份後再切成滾刀塊，擺入鋪上烘焙紙的蒸籠（或蒸煮用器具），然後把蒸籠放上充滿蒸氣的鍋子，用大火蒸12～13分鐘，等竹籤可以順利刺穿白蘿蔔的話就表示蒸好了。

白蘿蔔蒸過容易入味
白蘿蔔蒸過會出水，之後燉煮時，肉丸的鮮味和調味料的味道就容易入味。

放入步驟①的白蘿蔔後蓋上鍋蓋，轉小火煮10分鐘左右，接著移開鍋蓋依序放入Ⓐ後，再煮5分鐘左右。

把步驟②的適量絞肉用單手抓住，讓絞肉從大拇指和食指之間的空隙擠出，形成直徑約3～4cm的丸子狀。反覆此動作，大約製作6個丸子。

廚藝UP小技巧

☑ 白蘿蔔在煮之前先蒸,除去
多餘水分讓它容易入味。

☑ 肉丸的太白粉要在肉產生黏
性之後再放入!

☑ 放入滾水煮是防止肉丸煮散
的祕訣。

材料（ 2人份 ）
白菜…1/8顆（約250g）
牛豬混合絞肉…100g

A
酒…1大匙
醬油…1大匙
豆瓣醬…1小匙
甜麵醬（參考P.27）…1小匙

蔥（蔥白部分／切末）…3cm的分量
●沙拉油
熱量 200卡
料理時間 20分

麻婆白菜

用白菜代替豆腐或茄子，
做出全新感受的麻婆料理。

白菜去心、切成5cm長度後把葉片和梗分開，葉片切成5mm寬的細條，梗切成3mm寬的細條，泡水5分鐘讓口感變得爽脆。

> **白菜切成細條熟得快**
>
> 為了在短時間內煮好，可把白菜切成細條，其中不易熟的梗要切得比葉片還要細，透過粗細不同讓他們一起煮熟，所以同時放入湯汁裡也OK。

平底鍋加1大匙沙拉油加熱，放入牛豬混合絞肉用小一點的中火炒散。

> **絞肉要澈底炒熟**
>
> 絞肉要澈底煮熟、仔細炒到散開！這樣才可以抑制腥味，把鮮味發揮到淋漓盡致。

放入白菜的葉片和梗，用小火煮5分鐘左右，接著轉大火煮2分鐘左右把水分煮乾。

> **白菜用小火煮到入味**
>
> 如果火力太強，在味道入味之前水分就會消失不見，所以訣竅是先用小火煮，讓白菜吸飽味道，入味後再把火轉大，收乾多餘的水分，煮出漂亮的光澤。

肉炒到變色後倒入1又1/2杯的水，把Ⓐ依序加入攪拌煮滾。

放入蔥略微攪拌，盛盤。
　🔸蔥是為了增添色彩和清新的香氣而放，所以不用煮到全熟也OK。

廚藝UP小技巧

- ☑ 白菜切成細條讓它熟得快。
- ☑ 絞肉煮到全熟、抑制住腥味後，再調味。
- ☑ 要讓白菜確實入味就要用小火煮。

②

把雞肉切開讓厚度平均（參考P.42），再切成一口大小放入大碗公，然後加入Ⓐ的酒、醬油、黑胡椒攪拌，最後再加入太白粉攪拌。

雞肉撒滿太白粉
雞肉抓醃到最後上撒滿太白粉，鮮味就不會流失。此外還能為湯汁勾出恰到好處的芡汁。

把步驟①的平底鍋清乾淨後，用中火加熱1大匙的沙拉油，把雞肉擺入鍋中。煎到焦香上色後上下翻面，把兩面都煎出漂亮的焦色。

③

④

加入2杯水用大火煮滾，把Ⓑ依序放入，讓豆瓣醬和湯汁均勻混合，用中火把雞肉煮熟。

把豆瓣醬溶入湯汁
豆瓣醬炒過之後會飄香變辣，這道料理希望做出溫和的辣味，所以豆瓣醬不炒而是溶於湯汁內攪拌。

放入步驟①的山藥，用中火煮3分鐘左右，再放入嫩豆莢略煮就可以盛盤。

⑤

①

山藥切成1cm厚的半圓形，泡水5分鐘來除去黏液，然後用廚房紙巾擦乾水分。平底鍋內倒入2cm深的沙拉油加熱到180℃（將調理長筷放入油中會劇烈冒出泡泡的狀態），放入山藥清炸，炸出輕微焦色。

山藥清炸後容易入味
山藥清炸過會脫水，之後燉煮時雞肉的鮮味和調味料的味道就會變得容易入味。另外，油也會增添香醇感。

廚藝UP小技巧

☑ 山藥在煮之前先清炸，讓味道容易入味。

☑ 雞肉撒滿太白粉，鎖住鮮味。

☑ 豆瓣醬在湯汁中攪拌到化開就完成。

材料（2人份）

山藥…10cm（160g）
雞腿肉…1片（250g）
嫩豆莢（去絲）…10片

Ⓐ
┌ 酒…1小匙
│ 醬油…1小匙
│ 黑胡椒（粗粒）…少許
└ 太白粉…1小匙

Ⓑ
┌ 砂糖…1大匙
│ 酒…1大匙
│ 醬油…2大匙
└ 豆瓣醬…1小匙

●沙拉油
熱量 420卡
料理時間 35分

豆瓣山藥雞
利用清脆山藥凸顯清微辣味的燉菜。

豬肉粉絲炒青江菜

粉絲和翠綠的青江菜焦纏在一起,滑順好入口。

材料(2人份)

青江菜…1株
綠豆粉絲(乾/參考MEMO)…30g
豬五花肉(薄片)…200g

Ⓐ
- 酒…1小匙
- 醬油…1小匙
- 黑胡椒(粗粒)…少許
- 太白粉…1小匙

Ⓑ
- 酒…2大匙
- 鹽…1/2小匙

●沙拉油

熱量 510卡
料理時間 25分＊
＊不含泡發粉絲的時間。

廚藝UP小技巧

☑ 用不同切法來切青江菜的莖,讓莖和葉同時煮熟。

☑ 把薄肉片揉成一團增加分量!

④

把肉煎熟後放入青江菜的葉片和莖,然後倒入1又1/2杯的水並依序把Ⓑ加入,用中火煮3分鐘左右,青江菜變軟之後放入粉絲煮1分鐘。

MEMO
綠豆粉絲
用綠豆澱粉做出來的粉絲,比用馬鈴薯等材料的澱粉做出來的粉絲還不容易煮爛。

---

②

豬肉切成3cm的寬度後放入大碗公,依序放入Ⓐ的酒、醬油及黑胡椒抓醃,然後再放入太白粉抓醃。

③

平底鍋加入1大匙的沙拉油加熱,把豬肉一片一片揉成團後放入鍋中用小火煎。煎出焦色後上下翻面,將兩面煎出漂亮的顏色。

把薄肉片揉成一團增加口感
把豬肉揉成一團可以增加口感,煎的時候減少碰觸,用小火慢煎,把表面煎出焦色並散發香氣之後再加入其他材料。

---

①

粉絲浸水放置30分鐘泡發後,放到網篩上瀝乾水分,切成5cm的長度;把青江菜的長度切成三等分,莖的根部縱切成兩半,再縱切成四份,泡水放置5分鐘左右,讓口感變爽脆。

青江菜的葉片和莖要用不同方式切
把青江菜的莖切細,讓葉片和莖可以同時煮熟。

甜麵醬炒茄子豬肉

利用中式甜味噌——甜麵醬——炒出濃厚的滋味。

材料(2人份)

茄子…2條
豬五花肉（薄片）…130g
醃料
[黑胡椒（粗粒）…少許
[酒、醬油、太白粉…各1小匙
綜合調味料
[酒…2大匙
[醬油、水…各1大匙
[甜麵醬（參考P.27）…1小匙
● 鹽、沙拉油

熱量 400卡
料理時間 15分

① 茄子有些地方留下外皮削成間隔條紋狀，然後縱切成兩半，再切成細長的滾刀塊，撒一小搓鹽放置5～6分鐘，用厚的廚房紙巾包起來，澈底擠乾水分。

茄子削皮、撒鹽
削皮可以讓味道容易入味，如果再撒鹽除去多餘水分就會更加容易入味。

廚藝UP小技巧

☑ 茄子削皮讓味道確實入味。

☑ 用太白粉守住肉的鮮味。

☑ 調味料要在炒之前先調勻。

③ 在空下來的平底鍋中補上1大匙的沙拉油，炒步驟①的茄子，茄子均勻沾滿油後把豬肉放回鍋中，淋上綜合調味料，炒出濃稠度。

用綜合調味料迅速調味
為了不手忙腳亂，可以把綜合調味料預先調好備用，一口氣倒入後就可以起鍋。

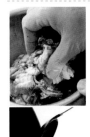
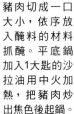

② 豬肉切成一口大小，依序放入醃料的材料抓醃。平底鍋加入1大匙的沙拉油用中火加熱，把豬肉炒出焦色後起鍋。

用太白粉守住鮮味，把味道包裹起來
醃料裡加入太白粉可以守住肉的鮮味，增添勾芡的效果。

①

豆腐用厚的廚房紙巾包起來,放置10分鐘左右稍微去除水分;秋葵切掉蒂頭,斜切成兩半。

②

平底鍋加入1大匙沙拉油,用中火加熱後炒豬絞肉,變色後放入秋葵快炒。

不要炒過頭,動作要快!
絞肉沒有炒散也 OK,留下一些肉塊比較能享受到肉的滋味;秋葵不要炒軟,要炒出爽脆的口感。

③

把豆腐約略捏碎放入鍋中,大動作地拌炒均勻,撒入少許鹽後加入Ⓐ,快速拌勻並收乾水分,就可以盛盤。

豆腐最後再放,做出綿軟的口感
豆腐保留恰到好處的水分可以帶來溫和的美味口感,不要炒過頭,讓豆腐溫柔包裹住所有食材,就可以起鍋。

廚藝UP小技巧

☑ 快速拌炒、清爽調味,保留秋葵的原味。

☑ 豆腐不要過度去除水分。

材料(2人份)
秋葵…(大)4根
豬絞肉…120g
木棉豆腐…(大)1/2塊(200g)
Ⓐ ┌ 酒…2大匙
  └ 醬油…1小匙
●沙拉油、鹽
熱量 270卡
料理時間 10分＊
＊不含豆腐去除水分的時間。

絞肉豆腐炒秋葵

可以享受秋葵口感的清爽炒菜。

櫻花蝦炒小黃瓜

中式料理的夏日經典菜色，一起來品嚐小黃瓜的絕妙口感吧！

材料(2人份)

小黃瓜…2根
櫻花蝦（乾）…10g
蔥…1/2根
綜合調味料
┌ 酒、水…各2大匙
└ 鹽…1/2小匙
●鹽、沙拉油
熱量 100卡
料理時間 15分

廚藝UP小技巧

☑ 小黃瓜削去一部分的皮，讓味道入味。

☑ 進一步敲打讓小黃瓜產生裂痕，味道會更加入味。

☑ 撒鹽逼出水分，擰乾後再炒。

☑ 一口氣加入綜合調味料，迅速拌炒。

小黃瓜的前置處理方式相同。

辣炒豬肉小黃瓜

材料（2人份）

小黃瓜…1根
豬大腿肉（7～8mm厚的薄肉片）
　…130g
醃料
┌ 黑胡椒（粗粒）…少許
│ 酒、醬油…各1小匙
└ 太白粉…1小匙
紅辣椒（去籽）…2根
綜合調味料
┌ 醬油、酒、水…各1大匙
└ 砂糖…1小匙
●鹽、沙拉油

熱量 200卡　料理時間 15分

①把小黃瓜的皮削成間隔條紋狀，用研磨棒之類的敲打，再切成一口大小，撒上大約1/4小匙的鹽放置5～6分鐘後擰乾水分。
②豬肉切成一口大小，和醃料的材料依序拌勻。
③平底鍋加入1大匙的沙拉油和紅辣椒用中火加熱，飄出香味後放入豬肉，把豬肉的兩面煎炒出焦色。
④放入步驟①的小黃瓜拌炒，等食材沾滿油後繞圈淋入綜合調味料，略為拌炒，等變得有點濃稠後就可以盛盤。

用厚廚房紙巾把步驟③的小黃瓜包起來，澈底把水分擰乾。

用力擰乾進一步脫水
用厚廚房紙巾或是白布巾把小黃瓜包起來擰，會發現還有很多水分，這麼做就不用擔心拌炒時小黃瓜會出水，而且小黃瓜脫出了多少水分，就容易吸進多少的調味料。

平底鍋加入1大匙的沙拉油用中火加熱，依序炒蔥和小黃瓜。

放入櫻花蝦拌炒，繞圈淋入綜合調味料，炒到水分收乾就可以盛盤。

用加了水的綜合調味料來收尾！
才把小黃瓜的水分脫乾，現在又要放水？這裡的水分是為了讓味道均勻散布而放的，只要快速拌炒把水分收乾，就能炒出口感清脆、顏色鮮艷的小黃瓜。

用削皮器把小黃瓜的皮削成間隔條紋狀。

削皮讓味道容易入味！
小黃瓜削去部份的皮，就能讓味道深入滲透到內部。

用研磨棒之類的敲打，再切成大塊一點的一口大小。

敲打讓小黃瓜產生裂痕，讓切面變得複雜
比起用菜刀直接切斷，敲打的力量所造成的裂縫會讓切面變複雜，味道會變得容易入味，不過要注意不要太用力而把小黃瓜敲碎了。

撒上大約1/2小匙的鹽後放置5～6分鐘，期間將蔥斜切成1cm的寬度。

撒鹽放置一下，逼出水分
小黃瓜切了就炒，會變得水水的，所以要記得撒鹽，用滲透壓的效果把多餘的水分逼出來喔！

韓式蘿蔔燉鰤魚

白蘿蔔吸飽了鰤魚魚雜的鮮味，真是極品！

材料(2人份)

白蘿蔔…1/3根（400g）
鰤魚魚雜(隨意切塊)…500g
大蒜（薄片）…1瓣的分量
薑（薄片）
　…1個大拇指指節左右的
　　分量（約15g）

A ┌ 酒…1/2杯
　├ 醬油、味醂…各3大匙
　└ 砂糖…1大匙

辣椒粉(中等粗度／P.39參考)
　…1大匙

熱量 540卡

料理時間 1小時30分

用鍋子煮沸熱水，把鰤魚的魚雜放進滾水中汆燙，再放到網篩上，迅速沖水，把血水及髒汙洗去。

☆ 鰤魚的魚雜經過汆燙可以抑制腥味、鎖住鮮味，燙到表面變白的程度即可，注意不要煮過頭。

白蘿蔔切成2～3cm的圓塊，切厚一些把皮削掉，從側面往中心切進一刀，再從切口把白蘿蔔粗略地掰成大塊。

> **白蘿蔔用手掰比較容易入味**
> 比起用菜刀切，用手掰開白蘿蔔比較容易讓味道入味。

把白蘿蔔放入鍋中，倒入大量的水後開大火，煮滾後轉小火煮20分鐘左右，然後先取出2杯湯汁備用（如果不夠就加水補到2杯的量）。

> **白蘿蔔先水煮，讓味道更容易滲入**
> 白蘿蔔先經過水煮，味道更容易滲入，可以吸進滿滿的鰤魚鮮味。

廚藝UP小技巧

☑ 白蘿蔔用手掰開，吸進滿滿的鮮味。

☑ 白蘿蔔水煮後，利用湯汁讓其他食材與白蘿蔔更加融合。

☑ 鰤魚放在白蘿蔔上煮，防止煮散，讓鮮味滲入。

☑ 燉煮之前放入辣椒粉，把鮮味煮進湯汁裡。

把白蘿蔔移到另一鍋中，在上方放入鰤魚的魚雜，加入大蒜、薑及Ⓐ，然後淋上步驟③預留的水煮湯汁後開大火。

> **把鰤魚的魚雜放在白蘿蔔上，用白蘿蔔的水煮湯汁來煮**
> 這樣鰤魚的魚雜不容易煮散，也能讓鮮味滲入白蘿蔔裡，加上使用充滿白蘿蔔鮮甜的水煮湯汁來煮，會比起單純水煮更加入味。在韓國，湯底常使用水煮蔬菜湯汁或洗米水。

煮滾後去除浮沫，放入辣椒粉拌勻，把烘焙紙的中央開洞做成落蓋（參考P.67）蓋上，用小一點的中火燉40～50分鐘，燉煮時不時澆淋湯汁。

> **透過燉煮帶出辣椒粉的鮮味**
> 不只有辣味，鮮味也會煮進湯汁裡，所以味道會和起鍋前再加的做法不同，而且這樣還能中和魚腥味。

蓮藕鱈魚泡菜鍋

鱈魚和泡菜的鮮味搭配蓮藕的清脆口感真是絕妙。

④ 倒入步驟②的調料和3杯水用大火煮滾，放入香菇和洋蔥後再煮5～6分鐘。

煮滾湯汁，讓味噌的鮮味滲入食材中
味噌湯為了凸顯味噌的風味，所以不會煮到滾，但韓式火鍋不同，為了讓味噌的鮮味滲入食材裡，用大火煮滾，收乾多餘水分是訣竅所在。

⑤ 放入鱈魚、豆腐，用中火煮2～3分鐘，最後再放入山茼蒿、撒上辣椒粉。

② 把Ⓐ調勻。

③ 鍋中加入1大匙的麻油加熱，放入蓮藕和泡菜用中火快炒。

蓮藕炒過可以保留口感，泡菜炒過之後會降低酸味
比起直接放入湯汁裡煮，把蓮藕炒過之後再煮口感會比較好。另外，把泡菜連汁一起放進去炒，可以降低酸味和提鮮。

材料（2人份）

蓮藕…（小）1截（150g）
鱈魚（切片）…2片（200g）
白菜泡菜…100g
木棉豆腐…1/2塊（150g）
鮮香菇…2朵
洋蔥…1/4個
山茼蒿…3～4株
Ⓐ ┌ 韓國辣醬（參考P.37）、
  │ 味噌…各1大匙
  │ 醬油…1/2大匙
  │ 薑（磨成泥）
  │   …1個大拇指指節左右的
  │   分量（約15g）
  │ 大蒜（磨成泥）…1瓣的分量
  └ 酒…1/2杯
辣椒粉（中等粗度／參考P.39）
   …適量
●麻油

熱量 330卡
料理時間 25分

① 蓮藕切成5mm厚的圓塊；豆腐切成3cm見方的塊狀；香菇切去菇腳後切成四份；洋蔥順著纖維切成5mm的寬度。山茼蒿切成4cm的長度；鱈魚切成3～4等分；白菜泡菜切成方便入口的的大小。

廚藝UP小技巧

☑ 蓮藕炒過之後再煮，保留其獨特的口感。

☑ 泡菜炒過降低酸味、帶出鮮味。

☑ 放入味噌之後也要用大火煮滾，讓味噌的鮮味滲入素材中。

芋頭牛肉湯

可以品嚐到芋頭美味的溫潤湯品。

廚藝UP小技巧

☑ 昆布高湯的溫和鮮味
凸顯出芋頭的風味。

☑ 水煮芋頭讓湯頭的味
道容易在短時間內滲
透入味。

☑ 牛肉炒過帶出鮮味，把
鮮味煮進湯裡。

122

牛肉變色後倒入步驟①的高湯，煮滾後取出昆布。

放入芋頭，再次煮滾後去除浮沫，轉小火燉煮20～30分鐘，等芋頭變軟後加入1/2大匙的醬油略煮，再用少許的鹽和黑胡椒調味，就可以盛盤，然後放上蔥和辣椒絲，並撒上適量的黑胡椒。

辣椒絲 MEMO
把乾燥過的韓國產紅辣椒切成的細絲，味道不會太辣。

芋頭削皮用少許的鹽略為抓洗，然後在鍋中將熱水煮沸，把芋頭水煮10～15分鐘，再放到網篩上。

芋頭用鹽抓洗後水煮
芋頭用鹽抓洗，去除黏液後再水煮，這樣味道就容易在短時間內滲入芋頭裡。如果芋頭一開始就用昆布高湯煮，不僅耗時湯汁也會變混濁，這道料理是要做出清澈爽口的湯品。

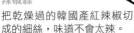

把牛肉放入大碗公，放入Ⓐ抓醃入味，然後平底鍋加入1/2大匙的麻油用中火加熱炒牛肉。

牛肉炒過帶出鮮味
把牛肉釋出的鮮味煮進湯汁裡，在韓國，常把肉類炒過的鮮味用於湯底。

材料(2～3人份)

芋頭…（小）8顆
牛肉片…150g
昆布高湯
┌ 昆布…（10cm長）1片
└ 水…4杯
　　　┌ 大蒜（磨成泥）
　　　│　…1/2瓣的分量
Ⓐ 　│ 酒、醬油…各1/2大匙
　　　└ 麻油…1小匙
蔥（蔥白部分／切蔥花）
　…5cm的分量
辣椒絲（如果有的話／參考MEMO）…適量
●鹽、麻油、醬油、黑胡椒（粗粒）

熱量 260卡
料理時間 1小時

把昆布高湯的昆布和水放入大碗公裡，放置20分鐘左右。

要凸顯芋頭的風味，最適合用昆布高湯
昆布高湯的溫和鮮味會凸顯出芋頭的質樸風味，小魚乾或柴魚高湯的味道太強烈所以不適合。

材料（2人份）

牛蒡…1根（約150g）
鯖魚（切片）…2片（200g）
洋蔥…1/2顆
韭菜…2〜3株

Ⓐ
- 韓國辣醬（參考P.37）…2大匙
- 醬油、酒…各1大匙
- 砂糖、醋…各2小匙
- 大蒜（磨成泥）…1瓣的分量
- 白芝麻…1大匙

●醋、鹽、黑胡椒（粗粒）、太白粉、麻油

熱量 430卡
料理時間 30分

辣炒牛蒡鯖魚

被鯖魚鮮味緊緊裹住的牛蒡，是醇厚有深度的滋味。

廚藝UP小技巧

☑ 牛蒡水煮去除土味，讓味道容易入味。

☑ 鯖魚撒上太白粉鎖住鮮味，讓味道容易裹在魚塊上。

☑ 韓國辣醬的風味讓牛蒡和鯖魚變得好入口。

①

牛蒡刮去外皮，切成5cm長度後再縱切成兩半，放進加入少許醋的水中浸泡5分鐘後瀝乾水分，再放入鍋中，倒入大量的水，開大火煮滾後用中火煮10分鐘左右，用網篩瀝乾水分。

牛蒡水煮去除土味，讓味道容易入味
如果把牛蒡斜切或直切成薄片，不用水煮也OK，但是這裡為了強調口感而把牛蒡切得比較大塊，所以要水煮去除土味，讓味道容易入味。

④

在步驟③的平底鍋裡用中火把牛蒡和洋蔥快炒，再把鯖魚放回鍋中，繞圈淋入Ⓐ，讓整體都裹上，最後放入韭菜拌勻。

韓國辣醬中和了配料的臭味
韓國辣醬帶有衝擊感的風味會中和牛蒡的土味和鯖魚的腥味。

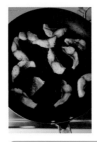

③

平底鍋加入1大匙的麻油加熱，鯖魚用中火炒過後起鍋。

太白粉鎖住鮮味、增添濃稠感
鯖魚先抹太白粉再煎，就不會流失鮮味，而且綜合調味料會緊緊把魚塊裹住，並增添濃稠感。

鯖魚切成2cm的寬度，撒上少許的鹽和黑胡椒，再抹上薄薄一層的太白粉；洋蔥順著纖維切成7〜8mm的寬度；韭菜切成5cm的長度；將Ⓐ調勻。

②

① 乾香菇在大量的水中泡發一晚，去蒂後切成兩半，保留1杯泡發香菇的水；蕪菁保留些許的莖，削皮後縱切成兩半，把2～3片葉子切成4cm的長度備用；紅蘿蔔削皮，切成1cm厚的圓片；栗子剝掉外殼和內膜。

② 用鍋子煮沸熱水，放入雞肉汆燙。

帶骨雞肉要汆燙
帶骨雞肉在煮之前要先用滾水燙過，去除血水等髒汙和腥味。

③ 把Ⓐ調勻。

蘋果泥可以軟化肉質
在韓國料理中，雖然經常使用梨子來軟化肉質，不過這裡使用方便取得的蘋果取代，除了能軟化肉質，還能增添自然的甜味。

④ 鍋子清乾淨後，把雞肉放回鍋中，加入香菇和泡發香菇的水，以及1杯水，開大火，煮滾後除掉浮沫，放入步驟③的調料攪拌後，再放入紅蘿蔔、栗子，用中央開洞的烘焙紙做成落蓋（參考P.67）蓋上，以小火燉煮20分鐘左右，最後放入蕪菁，用小一點的中火煮20分鐘左右，再放入蕪菁葉煮一下。

用栗子增添甜味，蕪菁最後再放
在韓國經常把栗子當作一種配料入菜，增添溫和的甜味。另外，蕪菁最後才放，把蕪菁煮到軟而不爛，而且吸飽湯汁的味道。

廚藝UP小技巧

☑ 帶骨雞肉用水煮來抑制腥味。

☑ 蘋果會軟化肉質，賦予自然甜味的醍醐味。

☑ 用栗子增添甜味，蕪菁是最後放進去煮的配料。

材料(2～3人份)
蕪菁…3顆
雞腿肉（帶骨／隨意切塊）
　…2支的分量（600～700g）
乾香菇…4朵
紅蘿蔔…1/2根
栗子…（小）10顆

Ⓐ
- 醬油…4大匙
- 酒、砂糖…各2大匙
- 麻油…1大匙
- 蔥（切末）…1/2根的分量
- 大蒜（磨成泥）…1瓣的分量
- 黑胡椒（粗粒）…少許
- 蘋果（磨成泥）
　　…1/2顆的分量

熱量 470卡
料理時間 1小時＊
＊不含泡發乾香菇的時間。

紅燒蕪菁雞肉
利用帶骨雞肉的鮮味所完成的燉菜，
栗子的甜味具有畫龍點睛的效果。

蛋煎甜椒肉餅

在甜椒圈裡填滿肉餡，裹上蛋汁煎。

材料（2人份）

紅甜椒…2顆
蛋汁…1顆蛋的分量
細蔥（切蔥花）、白芝麻、
辣椒絲（如果有的話／參考
P.123）…各適量
●麵粉、麻油

熱量 390卡
料理時間 20分

肉餡
┌ 牛絞肉…150g
│ 蔥（切末）…5cm的分量
│ 薑（磨成泥）
│   …1/2個大拇指指節
│   左右的分量（約7.5g）
│ 白芝麻、醬油…各2小匙
└ 麻油…1小匙

> **MEMO**
> 什麼是「蛋煎餅」？
> 把切成薄片的食材裹粉
> 沾蛋汁後煎的一種韓國
> 宮廷料理。

① 把肉餡的材料放入大碗公，用手揉捏到產生黏性；紅甜椒去蒂去籽，切成1.5～2cm厚的圈狀，用濾茶網在甜椒整體撒上一層薄薄的麵粉。

> 為鮮味濃烈的牛肉
> 增添芳香的風味！
> 牛肉加入白芝麻和麻油的
> 香氣，提昇美味。

③ 用平底鍋加熱2大匙的麻油，把步驟②的甜椒肉餅約略沾上蛋汁後，再瀝乾逐一擺入鍋中，轉小火煎3分鐘左右，期間如果油不夠就一邊補上少許的麻油一邊煎炸。翻面一次後，再煎炸3分鐘左右。

> **用小火慢慢煎炸**
> 因為沾了蛋汁的麵衣，所以如果火候太強，有時會造成蛋汁剝落或是中間還沒完全熟透蛋汁就已經燒焦的情形，因此要用小火慢慢煎。

② 在甜椒圈裡填滿肉餡，整體再撒上一層薄薄的麵粉。

④ 盛盤撒上細蔥、白芝麻，並放上辣椒絲。

廚藝UP小技巧

☑ 為牛肉增添香氣。
☑ 用小火慢慢煎炸。

蛋煎櫛瓜餅

把櫛瓜簡單沾滿蛋汁之後煎炸。

材料(2人份)

櫛瓜…1/2根
紅甜椒（裝飾用）…適量
蛋汁…1顆的分量
●鹽、麵粉、麻油

醬汁
┌ 醬油、醋…各1/2大匙
└ 白芝麻…1/2小匙

熱量 170卡
料理時間 15分

廚藝UP小技巧

☑ 確實去除櫛瓜的水分。
☑ 學會用麻油「煎炸」的感覺。

櫛瓜切成7～8mm厚的圓片，撒上少許的鹽，放置5分鐘左右，把表面的水分確實擦乾，用濾茶網撒上一層薄薄的麵粉；把裝飾用的紅甜椒切成3mm的方丁。

> 要煎得漂亮，
> 首先要把水分確實擦乾！
> 煎水分多的櫛瓜時，水分會非常礙事，所以要把水分確實擦乾才能煎得鬆軟。

在每片櫛瓜的中央放上紅甜椒丁，轉小火煎3～4分鐘左右，期間如果油不夠就一邊補上少許麻油一邊煎炸。翻面一次後，把背面稍微煎過。把有裝飾的那面朝上盛盤，附上調好材料的醬汁。

> 說是「煎」，其實是用「慢慢煎炸」的感覺來處理！
> 蛋煎餅要用多一點的油以小火慢慢煎，期間如果油好像不夠可以再加一點，要溫和地慢慢煎，注意不要煎出過度的焦色。

在平底鍋放入2大匙的麻油加熱，把步驟①的櫛瓜沾上蛋汁後，瀝乾逐一擺入鍋中。

蔬菜的複習

切

切絲
如圖把食材順著纖維縱切，就會產生清脆的口感；把纖維橫著切斷，口感會變柔軟。
→P.95、P.160、P.161

切成條狀
將食材切成木條狀的四角柱切法。把山藥切成符合料理需求的長度，切成7～8mm寬的板狀，再縱切成7～8mm的寬度。
→P.95、P.158

切洋蔥丁
要把洋蔥切成1.5cm見方的方丁時，首先要切成1.5cm寬的圓片，再從一邊開始切成1.5cm的寬度。→P.105

切青椒圈
切青椒圈時不要從頭開始，從尾部開始才能切得平穩，種子也不會四散。
→P.107

前置處理

去除黏液
芋頭削皮之後，用少許的鹽略為抓洗，去除黏液。
→P.123

敲裂
用研磨棒敲打，把纖維敲斷，讓味道容易入味。
→P.117、P.169

西洋芹去絲
把菜刀的刀刃對著西洋芹切口的纖維部分，把絲向上拉起撕掉。→P.51

將皮削成間隔條紋狀
把部份的皮削掉，讓保留下來的皮形成間隔條紋狀，這樣味道就容易入味。→P.117

去除苦、澀、腥臭味或雜質

撒鹽
茄子切好之後拌鹽放置5分鐘左右，擦乾水分去除苦澀味。

水煮
牛蒡切好之後馬上泡水或醋水，接著用熱水煮去除澀味。

泡水
馬鈴薯切好後泡水5分鐘左右，去除澀味。→P.163
其他像山藥、蓮藕、牛蒡、茄子等也是這樣處理。

第5章

飯類料理

配料豐富的飯類料理，
從作為午餐的單品，到宴客的豪華菜色，
雖然同為飯類料理，但日式、西式、中式及韓式，各有各的
獨特搭配與調味方式，
學會這些，口袋料理又增添了深度。

什錦飯

配料豐富，讓人開心的蒸飯。

材料(3～4人份)

米…360ml（2杯）

高湯（參考P.84）…約1杯

雞腿肉…80g

紅蘿蔔…1/2根（70g）

牛蒡…70g

鴻禧菇…50g

豆皮…1片

Ⓐ ┌ 醬油…2大匙
  └ 味醂…2小匙

熱量 380卡

料理時間 15分＊

＊不含米泡水
　以及煮飯的時間。

廚藝UP小技巧

☑ 米要確實泡水。

☑ 放入調味料後，要「攪拌
　均勻、馬上蒸煮」。

☑ 飯一煮好就要馬上翻攪。

蒸飯的菜色變化

豆子、芋頭及栗子等有甜味的食材用鹽調味。

地瓜飯

材料（3～4人份）

米…360ml（2杯）

地瓜…120g

Ⓐ ┌味醂…2小匙
　└鹽…2/3小匙

熱量 310卡
料理時間 15分＊

＊不含米泡水與煮飯的時間。

①米洗過放到網篩上瀝乾水分，再放入電鍋內鍋，倒水到內鍋刻度2的位置浸泡30分鐘。

❂因為不加高湯直接用水煮飯，所以用開始煮飯的水量泡水。

②把地瓜洗淨，切成5mm厚的扇形後馬上泡水，泡大約10分鐘，過程中要換水，最後瀝乾水分。

③把Ⓐ倒入步驟①的鍋內攪拌均勻，放上地瓜後馬上開始煮飯。

❂如果想做保持食材本色的蒸飯就用鹽調味，也可以加味醂強化鮮味，這樣不僅能凸顯鹽味，還能為地瓜增添光澤。

④飯煮好後，用飯匙從鍋底大動作翻起，把飯挖鬆、稍微攪拌，注意不要把地瓜弄碎。

把雞肉剁散撒在飯上，均勻放上剩餘配料後，馬上開始煮飯。

放上配料後馬上煮！

如果一直這麼放著，醬油之類的調味料會因為沉澱而導致底部容易燒焦，還會讓味道變得不均勻。

飯煮好以後，用飯匙從鍋底大動作翻起，把飯挖鬆稍微攪拌。

趁熱把飯挖鬆

什錦飯把味道和配料拌勻很重要，因為時間一久，飯就不容易翻鬆，因此煮好以後要馬上挖鬆。

1杯

電鍋附的量杯，1杯等於180ml的1杯米。料理用的量杯則是1杯等於200ml。

水量調節 MEMO

水的建議量為米的1.2倍左右，1杯米（180ml）對1杯水（200ml）。

米洗過放到網篩上瀝乾，再放入電鍋內鍋，加入1杯水浸泡20～30分鐘。

泡水，把飯煮到連米芯都鬆軟

米一定要用水浸泡，用高湯泡無法滲透到米芯，因為之後會加高湯煮，所以現在水量只要能蓋過米就OK。

紅蘿蔔切成3cm長的細絲；牛蒡刮去外皮，斜削成3cm長的薄片，然後馬上泡水並瀝乾；鴻禧菇切去菇腳，長度對半切，再一根一根剝開；豆皮切成3cm長、5mm寬的細條；雞肉切成1cm見方的雞丁。

❂把食材都切成一樣小，不僅容易熟透，配料與飯還能彼此融合出一體的感覺。

把Ⓐ放入步驟①的鍋裡，高湯倒到內鍋刻度2的位置，把整體攪拌均勻。 ③

這裡一定要攪拌，讓調味均勻

放入調味料之後一定要確實攪拌，避免味道不均，蒸飯時的鹽分建議量為1杯米對醬油1大匙（鹽的話則是1/3小匙）。

花蛤飯

先煮配料，再利用鮮美的湯汁煮飯。

材料(3～4人份)

米…360ml（2杯）

花蛤…200g

細蔥（切蔥花）…適量

A ┌ 醬油…2大匙
　├ 酒…2小匙
　└ 水…1/2杯

● 鹽

熱量 280卡

料理時間 15分＊

＊不含花蛤吐沙、米泡水
以及煮飯的時間。

廚藝UP小技巧

☑ 米要確實泡水。

☑ 花蛤只開口就OK，不要
煮過頭。

☑ 先用調味料煮配料，再
把湯汁拿來利用吧！

☑ 放入調味料之後要「攪拌
均勻、馬上煮飯」。

蒸飯的菜色變化

用煮豬肉的湯汁煮飯，
放上配料做成散壽司風格。

涮豬肉飯

材料（3～4人份）

米…360ml（2杯）
豬五花肉（薄片）…100g
Ⓐ
　酒…1杯
　水…2小匙
　鹽…2/3小匙
蛋汁…1顆蛋的分量
細蔥（切蔥花）…2根的分量
紅薑…少許
白芝麻…少許
●鹽、胡椒、沙拉油

熱量 360卡　料理時間 15分＊
＊不含米泡水與煮飯的時間。

①米洗好後放到網篩上瀝乾水分，
放入電鍋內鍋裡，加入1杯水浸泡
30分鐘。
②在鍋中把Ⓐ煮滾，把豬肉一邊剝
散一邊放入鍋中。一邊撈去浮沫一
邊用小火煮，把豬肉取出（保留湯
汁）切絲，撒上少許的鹽、胡椒。
③蛋汁加入一小搓的鹽攪拌，在平
底鍋加熱1/2小匙的沙拉油，倒入蛋
汁攤平，用小火煎蛋皮的兩面，再
切成4cm長的細絲。
④將步驟②所有的湯汁都倒入步驟
①的內鍋裡，加入適量的水到內鍋
刻度2的位置為止，充分攪拌後馬
上開始煮飯。
⑤飯煮好後，用飯匙從鍋底大動作
翻起，把飯拌鬆即可盛飯，放上豬
肉、步驟③的蛋絲、細蔥、紅薑，
撒上白芝麻。

用網篩過濾步驟③的花蛤，把湯
汁和花蛤分開，把肉從殼中取出。

**將湯汁和花蛤分開，
把花蛤的肉當作配料活用**

煮花蛤的湯汁會拿來當作煮
飯時的水分使用。用花蛤的
殼來挖肉，就能將肉身完整
取出，成為蒸飯的配料。

把步驟④的所有湯汁倒入步驟②
的內鍋，再加入適量的水到內鍋
刻度2的位置為止，並充分攪拌。
放上花蛤的肉後，馬上開始煮飯。

**加入湯汁和水之後
要攪拌均勻，馬上煮飯**

確實攪拌防止味道不均，放
上花蛤的肉之後就要馬上開
始煮飯。

飯煮好後，用飯匙從鍋
底大動作翻起，把飯拌
鬆盛盤，撒上細蔥。

花蛤泡鹽水（1杯水對1小匙的
鹽），用紙蓋住，放置30分鐘到1
小時吐沙。將外殼互相摩擦後沖
水洗淨。

✪讓花蛤處於一半浸在鹽水裡的
狀態，如果鹽水量太多，花蛤
會無法順利吐沙，還有要放在
陰暗且安靜的環境喔！

米洗好放到網篩上瀝乾
水分，再放入電鍋內鍋，
加入1杯水浸泡30分鐘。

泡水，煮出鬆軟的米飯

米一定要泡水，但因為之後
會加入湯汁煮飯，所以水量
只要剛好蓋過米就 OK。

在鍋中把Ⓐ煮滾後放入花蛤，蓋
上鍋蓋，用中火煮到花蛤開口。

花蛤一開口就關火

花蛤只要開口，高湯就完成，
如果煮過頭肉就會縮小變硬，
要特別注意。可以用酒增添美
味，並去除花蛤的腥味。

材料（3～4人份）

糯米…360ml(2杯)

水煮金時紅豆(市售)…100g

鹽…2/3小匙

熱量 330卡
料理時間 5分＊

＊不含米泡水的時間
與煮飯的時間。

紅豆糯米飯

糯米也可以用電鍋輕鬆煮。
香甜的水煮紅豆是讓人感到放心的美味。

廚藝UP小技巧

☑ 煮糯米的水量比一
般的米少，以大約
0.8倍做為基準。

☑ 調味的鹽分與一般
的米相同。

糯米飯的菜色變化

混入魩仔魚的蒸飯，也很推薦做成出遊時的飯糰。

魩仔魚梅子糯米飯糰

材料（3～4人份）

糯米…360ml（2杯）

Ⓐ［酒…2小匙
　 鹽…2/3小匙

魩仔魚乾…3大匙（15g）

小脆梅（市售）…4顆

青紫蘇…4片

白芝麻…2小匙

熱量 290卡　料理時間 15分＊

＊不含米泡水以及煮飯的時間。

①糯米洗好放到網篩上瀝乾，再放入電鍋內鍋中，加入1又1/2杯水（300ml）浸泡30分鐘。

②把Ⓐ放入步驟①的內鍋裡攪拌均勻，放上魩仔魚後開始煮飯。

③用菜刀的刀面把小脆梅壓扁去籽、切成細末。青紫蘇縱切成兩半後切細絲。

④飯煮好後，用飯匙從鍋底大動作翻起，把飯拌鬆，放入步驟③的配料與白芝麻拌勻，做成飯糰。

①

糯米洗好放到網篩上瀝乾，放入電鍋的內鍋中，放入1又1/2杯水（300ml）浸泡30分鐘。

✪用電鍋煮糯米飯時，泡水時間和一般的米相同。

糯米用到的水比較少，要特別注意

煮糯米的水量比一般的米少，大約為0.8倍，以1杯糯米（180ml）對3/4杯的水（150ml）為基準，因為會這樣直接煮，所以用這樣的水量浸泡。

大碗公內放入適量的水，稍微清洗水煮紅豆的表面，再放到網篩上瀝乾。

把鹽放入步驟①的內鍋裡攪拌均勻，放上步驟②的水煮紅豆後，馬上開始煮飯。

糯米飯的鹽分和一般的米相同

基準為1杯糯米對1/3小匙的鹽（如果是醬油則為1大匙）。

飯煮好以後，用飯匙從鍋底大動作翻起，把飯拌鬆，盛盤，注意不要弄破水煮紅豆。

雞肉抓飯

用鍋子煮，西式飯點的基本。

⑥ 關火後燜10分鐘，放入1/2大匙的奶油，從鍋底大動作攪拌，把飯拌鬆，盛盤後撒上切成細末的義大利巴西利。

雞肉飯的菜色變化

放上西式炒蛋的做法更輕鬆

脇老師家的蛋包飯

材料（1人份）以及做法

①在200g的雞肉抓飯中放入比1大匙多一點的番茄醬攪拌後盛盤。

②一顆蛋與1/2大匙的牛奶，以及少許的鹽及胡椒一起攪拌，在平底鍋上放入適量奶油後用中火加熱融化，然後把蛋汁倒入鍋中，輕柔攪拌讓蛋變成半熟狀態後放在步驟①的飯上。

變化菜色 `MEMO`

不放配料做成奶油飯，或是加入海鮮一起煮，可隨意變化應用。

用烤箱煮

在步驟⑤把整體拌勻蓋上鍋蓋後，可以放到已經預熱到190℃的烤箱裡，加熱時間和蒸煮時間與用火直接煮的做法相同，鍋子要用旁邊或鍋蓋上具有耐熱性把手的鍋具。

③ 雞肉的顏色變白後，米不用洗直接放入鍋中，在整體都過油過熱前不斷翻炒。

米不用洗直接炒

洗過的米容易裂開，煮好後會變得濕濕糊糊，所以米不要洗直接加進去，炒到粒粒受熱油亮的程度吧。

④ 放入熱雞湯、1小匙的鹽與少許的胡椒後轉中火煮。

⑤ 煮滾後用調理長筷快速攪拌，然後蓋上鍋蓋用小火煮15分鐘左右。

以調理長筷攪拌後蓋上鍋蓋，用小火煮15分鐘

用調理長筷從鍋底繞圈攪拌後再煮，米粒就會呈現粒粒分明的均勻狀態。過度攪拌會產生黏性，所以動作要快！用小火煮15分鐘。

材料（3～4人份）

米…360ml（2杯）

雞湯(熱)＊…2杯

雞腿肉…200g

洋蔥…1/4顆

義大利巴西利…少許

●奶油、鹽、胡椒

熱量 410卡
料理時間 45分

＊也可以把1/2塊（西式）雞湯塊溶於2杯熱水裡，此時一起加入的鹽量要減少一些。

① 雞肉除去多餘油脂，切成1.5cm見方的雞丁，然後洋蔥切末。米不用洗，要準備熱的雞湯。

要記得米 180ml（1杯）對1杯熱的雞湯

要用鍋子煮出粒粒分明的米飯，訣竅在於加入比米體積稍多的熱湯，因為熱湯能縮短煮滾的時間，因此米不會產生多餘的黏性。

② 鍋中放入1大匙的奶油用小一點的中火加熱融化，然後炒洋蔥，等洋蔥變軟之後加入雞肉炒，但不要炒出焦色。

☑ 煮飯要用熱的高湯。以1杯米
（180ml）對1杯高湯為基準。

☑ 米不要洗直接炒，可以煮得粒粒
分明。

☑ 煮滾後蓋上鍋蓋，「用小火煮15
分鐘＋關火燜10分鐘」是用鍋子
煮飯的基本原則！

☑ 蝦子炒過之後起鍋，能維持彈牙的美味口感。

☑ 米不用洗直接炒。

☑ 放入熱高湯，煮出粒粒分明的飯。

☑ 煮滾後蓋上鍋蓋，用小火煮15分鐘，關火後再放進蝦子。

鮮蝦焗飯

煮抓飯、淋白醬、烤到焦香，就完成了美味焗飯。

⑤

關火，放入瀝乾的青豆仁及步驟②的蝦仁，把蓋子蓋上燜10分鐘，再大致攪拌。

飯煮好後放入蝦仁燜煮
炒過的海鮮只要在飯煮好後再放進去燜煮，就不會變硬或縮小，既彈牙又充滿美味。

⑥

製作簡易白醬。從準備的一杯牛奶中取出1大匙，其餘倒入鍋中，加入高湯塊，開小一點的中火煮，煮滾後用剛才取出的牛奶把太白粉調到化開後倒入鍋中，一邊攪拌一邊勾芡，試試味道，不夠味就用少許的鹽調味。

⑦

在兩個耐熱性容器上塗少許的奶油，分別放入1碗步驟⑤的抓飯分量，把步驟⑥的白醬二等分淋上，平均撒上起司，用烤箱烤10分鐘，烤到出現焦色。

③

用步驟②的鍋子把洋蔥炒到變軟，米不用洗直接放入鍋中炒。

米不洗直接炒
煮抓飯時不用洗米，直接放入炒到米粒都被油包裹住且均勻受熱。

④

所有米粒都受熱油亮後，放入雞湯、1小匙的鹽及少許的胡椒轉中火。煮滾再用調理長筷攪拌整體，蓋上鍋蓋以小火煮15分鐘。

加入熱湯，
用筷子略為攪拌後再煮
要用鍋子煮出粒粒分明的米飯，訣竅在於加入比米體積稍多的熱湯，因為熱湯能縮短煮滾的時間，因此米不會產生多餘的黏性。

材料（2人份）

蝦仁抓飯＊
- 米…360ml（2杯）
  - 雞湯（熱）＊＊…2杯
  - 蝦仁…200g
  - 洋蔥…1/4顆
- 青豆仁（冷凍）…30g

簡易白醬
- 牛奶…1杯
  - 雞湯塊（西式）…1/2塊
- 太白粉…1大匙

披薩用起司…20g

●奶油、鹽、胡椒

熱量 480卡
料理時間 40分

＊方便製作的分量。多出來的部分，可以分成一碗的分量，用保鮮膜包起來冷凍保存。
＊＊也可以把1/2塊（西式）雞湯塊溶於2杯熱水裡，這樣一起加入的鹽量要減少一些。

①

製作蝦仁抓飯，如果蝦仁有腸泥就用竹籤挑掉，洗淨後再將水分仔細擦乾。把洋蔥切成末，青豆仁放入網篩中沖水讓它解凍。

②

平底鍋放入1大匙的奶油以中火加熱融化，蝦仁略炒後起鍋，撒上少許的鹽拌勻。

蝦仁炒過之後先起鍋備用
海鮮如果放在飯裡煮，會流失鮮味並縮小，所以快炒過後就先起鍋放著吧！

西班牙海鮮飯

色彩繽紛的配料、滲入米粒的豐富鮮美滋味，真是無上的饗宴。

材料（3～4人份）

米…360ml（2杯）

雞湯（熱）*…比2杯少一點

花蛤…12個

蝦子（帶殼／無頭）…6隻

洋蔥…1/4顆

大蒜…1瓣

甜椒（紅、黃）…各1/2顆

番茄…1顆（約200g）

小雞腿…6支

A ┌ 甜椒（粉）…2/3小匙
  │ 咖哩粉…1/2小匙
  └ 鹽…1小匙

義大利巴西利…少許

萊姆（切成瓣狀）…1顆的分量

●鹽、胡椒、橄欖油

熱量 470卡
料理時間 45分＊＊

＊也可以把1/2塊（西式）雞湯塊溶於2杯熱水裡，此時一起加入的鹽量要減少一些。
＊＊不含花蛤吐沙的時間。

廚藝UP小技巧

☑ 花蛤、蝦子稍微過火就起鍋，保持美味。

☑ 米不用洗直接炒，用熱高湯煮出粒粒分明的米飯。

☑ 煮滾後蓋上蓋子，用小火煮15分鐘，關火後再放入海鮮。

5

煮滾後用調理長筷攪拌整體並轉小火，放上小雞腿和甜椒（配色要均衡美觀）。蓋上鍋蓋用中火煮滾，再轉小火煮約15分鐘，趁這個時候剝蝦殼。

煮滾後攪拌，用小火煮15分鐘
用調理長筷從鍋底繞圈攪拌後再煮，米粒就會呈現粒粒分明的平均狀態。過度攪拌會產生黏性，所以動作要快！轉小火煮15分鐘。

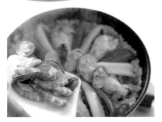

6

飯煮好後放上蝦子和花蛤，再蓋上鍋蓋，燜煮10分鐘左右。然後把蝦子及花蛤漂亮地擺好，撒入切成細末的義大利巴西利，並附上萊姆。

海鮮要在飯煮好後再放入鍋中燜煮
炒過的海鮮只要在飯煮好後再放進去燜煮，就不會變硬或縮小，既彈牙又充滿美味。

西班牙海鮮飯的顏色 MEMO
西班牙海鮮飯原本應該使用番紅花做出漂亮的顏色及香味，但因為番紅花即使少量也非常貴，所以用兩種香料粉來替代。透過搭配甜椒粉（把乾燥後的紅甜椒磨粉製成）和咖哩粉的技巧，營造出鮮豔的橘色與有深度的香氣。

3

平底鍋加入1大匙的橄欖油用中火加熱，小雞腿擦乾水分後擺入鍋中，煎出焦色後起鍋，再炒蝦子，變色後就起鍋。

蝦子炒過先起鍋放著
海鮮如果放在飯裡煮，鮮味會流失並縮小，所以快炒後就先起鍋放著吧！

4

在平底鍋裡追加1大匙的橄欖油，用小一點的中火把洋蔥炒軟，再放入大蒜拌炒，飄出香味後，米不用洗直接放入鍋中炒，最後再加入番茄、步驟②的湯汁和高湯以及Ⓐ。

米不用洗直接炒
米不用洗直接放入，炒到每一粒米都被油包裹且均勻受熱吧！米洗過會容易裂開。

1

把花蛤泡在海水程度（約3%）的鹽水中，靜置半天吐沙，將外殼互相摩擦洗淨；蝦子如果有腸泥，從連接頭部的那頭抽掉，用水洗淨並將水分瀝乾淨；洋蔥、大蒜切末；甜椒去蒂去籽，縱切成六等分。番茄去蒂，把外皮用熱水燙過後剝掉，隨意切成小塊。小雞腿撒上1/2小匙的鹽與少許的胡椒。

2

把步驟①的花蛤和1/4杯水放入小鍋子，蓋上鍋蓋後開中火。有1～2個花蛤開口就關火，然後就這樣靜置3分鐘左右，再把花蛤與燜煮的湯汁分開。花蛤挑掉沒有貝肉的殼，湯汁中加入雞湯，補足到2杯的分量。

把花蛤分出，用湯汁煮飯
花蛤和米一起煮貝肉會縮小，所以燜煮後分出備用，把燜煮後的湯汁加上雞湯拿來煮飯，米飯就會充滿鮮味。

魩仔魚蔥花炒飯

炒飯的王道！粒粒分明的訣竅都在這。

⑤

關火，把Ⓐ依序放入攪拌。再開大火，放入蔥末拌炒，然後盛盤。

> **調味料要在關火之後再加**
> 為了避免燒焦，要把火暫時關掉再放入調味料。醬油沿著鍋邊淋入，等飄出香味後再拌炒。

炒飯的菜色變化
剩餘炒飯的活用方式。

紫蘇蒸炒飯
材料（1人份）以及做法
把（冷凍保存的）炒飯放入耐熱容器，擺上三片紫蘇，放入充滿蒸氣的蒸籠或蒸煮用器具，用大火蒸4分鐘。

②

蛋炒到半熟後放入白飯。

> **趁蛋還是半熟時加飯，就容易混合蛋和飯**
> 蛋如果熟透，就不容易和白飯混合，還會變得乾巴巴，要特別注意！

③

一邊把飯撥散，一邊用木鍋鏟以切的方式還有壓飯沾油的方式炒。

> **炒飯粒粒分明的訣竅在於讓飯粒都均勻沾到油**
> 把結塊的飯弄散，炒到飯粒都被油包覆起來，就是炒飯粒粒分明的訣竅。

④

等飯都炒散、和蛋混合均勻之後，就放入魩仔魚拌炒。

材料（2人份）
白飯（熱）…300g
魩仔魚…20g
蔥（蔥白部分／粗末）…5cm的分量
蛋…1顆

Ⓐ
- 酒…1大匙
- 鹽…1/2小匙
- 胡椒…少許
- 醬油…1小匙

●沙拉油

熱量 450卡
料理時間 10分

①

把蛋打入大碗公，用打泡器把蛋打散，讓蛋白和蛋黃均勻混合。平底鍋加入2又1/2大匙的沙拉油用大火加熱，傾斜鍋子、把油往鍋邊集中，把蛋汁倒入油集中處，用木鍋鏟略為攪拌，炒出軟嫩的蛋。

> **讓蛋吸收大量的油，炒出軟嫩的蛋**
> 要用鍋底平坦的平底鍋把蛋炒得軟嫩，就要傾斜鍋子、把油往鍋邊集中，這樣才能順利炒出軟嫩的蛋。

> MEMO
> **菜色變化**
> 也可以把魩仔魚改成火腿、櫻花蝦或高菜漬等配料。

廚藝UP小技巧

☑ 軟嫩炒蛋的製作祕訣在於讓蛋吸收大量的油。

☑ 趁蛋還沒熟透時放入白飯!

☑ 用壓飯沾油的方式炒,就能炒得粒粒分明。

☑ 記住放入調味料的時間點!

中式飯湯

充滿雞絞肉鮮味的溫和滋味。

倒入1又1/2杯的水，用大火煮滾。

白飯放到網篩裡，然後和大碗公重疊，沖水洗過。

白飯洗過會失去黏性。
入喉時的清爽口感正是品嚐飯湯時的醍醐味。所以要洗去白飯的黏性（澱粉質），讓飯湯不會產生黏稠感。

白飯瀝乾水分後放入平底鍋，再次煮滾後轉小火煮5分鐘，然後放入Ⓐ攪拌，就可以盛盤、撒上細蔥。

平底鍋不放油，直接以小火慢炒雞絞肉。肉一變白就放入白菜快炒。

要把雞絞肉的鮮味發揮到淋漓盡致，就要用小火慢炒！
只要把雞肉的鮮味好好地引出來，就算不使用高湯粉也很好吃，重點在於用小火慢炒。

材料（2人份）

白飯＊…1碗的分量
白菜…1/2片（50g）
雞絞肉…70g
Ⓐ ┌ 酒…1大匙
  │ 鹽…1/2小匙
  └ 胡椒…少許
細蔥（切蔥花）…3根的分量

熱量 190卡
料理時間 15分
＊可以用冷飯也可以用熱飯。

廚藝UP小技巧

- ☑ 白菜切成和絞肉差不多的大小。
- ☑ 白飯用水洗，讓飯粒變得乾爽。
- ☑ 雞絞肉用小火慢慢炒，帶出鮮味。

白菜切成5mm的四方形。

白菜要和雞絞肉的大小一致
雞絞肉和白菜可以均勻熟透，一起吃進嘴裡也不會感到不協調，很好入口。

鮮蔬燴飯

香氣十足的清爽芡汁搭配蔬菜薄片的纖細口感，
是一道讓人身心舒暢的飯點。

芋頭用鬃刷刷掉外皮，切成薄圓片；地瓜仔細洗淨，連皮切成半圓形薄片；紅蘿蔔削皮，切成半圓形薄片；牛蒡刷洗外皮，連皮斜切成薄片後泡水；蓮藕削皮切成扇形薄片，放進加了少許醋的水中浸泡；香菇去蒂切成薄片。

蔬菜切成薄片，讓煮熟的時間一致
把蔬菜都切成薄片，就算加熱時間短，味道依然容易入味，還能提升口感。

平底鍋加入1大匙沙拉油用中火加熱，把Ⓐ爆香，飄出香氣後倒入1又1/2杯的水煮滾。

香料蔬菜的香氣是關鍵
因為是簡單的鹹味，所以把香料蔬菜確實爆香就是美味的祕訣，要用中火慢炒。

依序放入芋頭、地瓜、紅蘿蔔、牛蒡、蓮藕和香菇，大約煮5分鐘，再放入Ⓑ攪拌，然後關火。

蔬菜按硬度的順序放入
切成薄片的蔬菜按照硬度的順序放入，可以讓煮熟的時間更加一致。

太白粉水攪拌調勻，繞圈淋入鍋中，然後再次開小火，等出現濃稠感之後滴入1小匙的麻油。

把白飯盛入食器中，平均淋上步驟④的配料。

材料（2人份）

白飯（熱）…2碗的分量
芋頭…1顆（40g）
地瓜…（小）1/4顆（40g）
紅蘿蔔…2cm（30g）
牛蒡…10cm（20g）
鮮香菇…1朵

Ⓐ
- 西洋芹的莖（切末）…5cm的分量（40g）
- 西洋芹的葉子（切末）…1根的分量
- 薑（連皮切末）…1又1/2小匙

Ⓑ
- 酒…1大匙
- 鹽…1/2小匙
- 胡椒…少許

太白粉水
- 太白粉…1小匙
- 水…2小匙

●醋、沙拉油、麻油

熱量 340卡
料理時間 20分

MEMO

蔬菜
芋頭、地瓜也可以使用（五月皇后）馬鈴薯代替，泡水之後再使用。

廚藝UP小技巧

☑ 所有蔬菜都切成薄片。

☑ 用香料蔬菜的風味代替高湯，所以要確實爆香。

☑ 蔬菜按照硬度的順序放入，讓煮熟的時間一致。

韓式海苔卷

捲進涼拌蔬菜和炒牛肉，充滿麻油香的韓式海苔卷。

製作韓式涼拌紅蘿蔔時，把紅蘿蔔斜切成4～5cm長的薄片後，再切成細絲，平底鍋加入熱麻油，用中火炒紅蘿蔔3～4分鐘，等油滲入後撒鹽攪拌就可以起鍋。

用鹽拌炒，帶出甜味
利用鹽帶出紅蘿蔔的甜味，再用油炒出鮮豔的顏色。

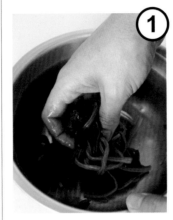

製作韓式涼拌菠菜時，菠菜要放入加了少許鹽的熱水中燙一下，然後擰乾水分再放入大碗公，加入醬油、麻油拌勻。

用清淡調味保留色澤
菠菜在保留口感的程度下用鹽水燙，然後用醬油調成清淡的口味，讓菠菜保有鮮豔的顏色。

醃蘿蔔同步驟②的紅蘿蔔一樣切絲，然後用平底鍋加熱❸的麻油，再用中火炒醃蘿蔔，淋上酒後就可以起鍋。

炒過之後能抑制異味
醃蘿蔔的甜味是韓式海苔卷的重點，炒過之後就能抑制異味，讓醃蘿蔔和其他的配料更加協調。

材料(兩卷的分量)＊
白飯（熱）…300g
Ⓐ ┌ 麻油…1小匙
　 └ 鹽…少許
韓式涼拌菠菜
　┌ 菠菜…4株
　└ 醬油、麻油…各1/2小匙
韓式涼拌紅蘿蔔
　┌ 紅蘿蔔…1/2根
　│ 麻油…1小匙
　└ 鹽…少許
醃蘿蔔…50g
Ⓑ ┌ 麻油…1小匙
　 └ 酒…1小匙
牛肉片…60g
　┌ 麻油…1小匙
　│ 大蒜（磨成泥）
　│ 　…1/2瓣的分量
Ⓒ │ 薑（磨成泥）
　│ 　…1/2個大拇指指節
　│ 　　左右的分量（約7.5g）
　└ 醬油、砂糖、酒、白芝麻
　　　…各2小匙
青紫蘇…6片
烤海苔（21×19cm）…2片
白芝麻…適量
● 鹽、麻油
熱量 530卡
料理時間 30分
＊配料為方便製作的分量。
如果有剩，可以當作隔天的配飯菜一起吃。放入密封容器可在冰箱裡保存約2天。

廚藝UP小技巧

☑ 配料依素材使用不同的調理方式與調味來做出不同的風味。

☑ 不使用醋飯，而是在白飯中拌入麻油與鹽，這就是韓式作法。

☑ 最後給海苔塗上麻油，增添光澤及風味。

④

把大片的牛肉切成容易入口的大小，用平底鍋加熱❻的麻油，再以中火炒牛肉，等肉色改變後把❻的其他材料拌勻倒入，讓調味料均勻裹住牛肉。

牛肉要仔細調味
其他的材料都是清淡調味，但唯獨牛肉要仔細調味，才能讓整體有突出的重點。

⑤

大碗公裡放入白飯，並撒入🅰攪拌。在竹簾上放1片海苔，在手前方3/4的範圍內平鋪上一半的飯。把三片紫蘇縱向擺放在中間，依序放上適量的醃蘿蔔與牛肉，然後在上面再依序放上適量的韓式涼拌菠菜與紅蘿蔔，從手邊向前方捲起並調整形狀。剩下的一卷也用同樣的方式製作。

白飯用麻油增添香氣
韓風的壽司飯不拌醋，而是使用麻油增添香氣。

捲好以後把接縫朝下擺上鐵盤，用湯匙在上方塗抹上一層適量的薄麻油，再撒白芝麻，切成方便食用的大小，就可以盛盤。

使用麻油增添光澤及風味
最後收尾也要用麻油，但因為海苔卷如果塗太厚就會黏答答的，所以要用湯匙像是輕撫過一樣抹上薄薄一層，這樣才好吃。

牛肉豆芽菜蒸飯

使用小魚乾提味，比只用牛肉煮飯更能做出有深度的美味。

廚藝UP小技巧

☑ 藥念醬身兼牛肉醃料與白米調味的兩種角色。

☑ 讓米粒裹上藥念醬，然後加水，這個順序就是蒸飯的重點。

☑ 為了讓豆芽菜在最上面，要最後再放。

在米的上方依序放上牛肉、小魚乾及豆芽菜，然後開始煮飯。

豆芽菜最後再放
把豆芽菜放在最上面煮，可以讓豆芽菜的風味散布到所有食材上，並保留清脆的口感。

大片牛肉切成方便入口的大小，放入步驟①的藥念醬裡抓醃。

牛肉要確實調味備用
藥念醬身兼牛肉醃料與白米調味的兩種角色。

材料(2～3人份)

米…360ml（2杯）
牛肉片…150g
豆芽菜…1/2袋（100g）
小魚乾…20g
藥念醬
- 醬油…2大匙
- 酒、麻油…各1大匙
- 砂糖…1小匙
- 大蒜(磨成泥)…1瓣的分量

韭菜醬
- 韭菜(切碎)…2～3株的分量
- 醬油…1大匙
- 白芝麻、辣椒粉
  （中等粗度／參考P.39）
  …各1小匙

熱量 610卡
料理時間 15分 *
＊不含米放置在網篩上的時間與煮飯的時間。

把韭菜醬的材料調勻，等步驟④的飯煮好後，用飯匙拌開，然後盛盤淋上適量的韭菜醬。

★微辣的韭菜醬讓配料的美味更上一層樓。

小魚乾　MEMO
韓國也常將小魚乾運用在高湯上，但這次是當作蒸飯的配料，所以要把帶有苦味的腹中內臟去除。

把米放入電鍋內鍋，只放入步驟②的藥念醬攪拌（肉還不要放）。攪拌均勻後，加水到內鍋刻度2的位置。

先讓米粒確實裹上藥念醬
加水之前先讓米粒確實裹上藥念醬，這樣蒸飯時味道才會充分入味。

米洗好後放到網篩上30分鐘；在大碗公內將藥念醬的材料調勻；如果介意豆芽菜的鬚根可以摘掉；小魚乾除去腹中內臟。

韓式秋刀魚蒸飯

蘊含秋刀魚香氣的米飯就是幸福的滋味。

廚藝UP小技巧

☑ 秋刀魚要烤得又脆又香。

☑ 把米抹上調味料，然後加水，這個順序很重要。

材料(2～3人份)

秋刀魚…2條

米…360ml（2杯）

Ⓐ
- 大蒜(磨成泥)…1瓣的分量
- 醬油、味醂、酒…各2大匙
- 麻油…1大匙

薑（切絲）…2個大拇指指節左右的分量（約30g）

細蔥（切蔥花）…3～4根的分量

白芝麻…2大匙

●鹽

熱量 630卡
料理時間 1小時

MEMO

用電鍋蒸煮時
步驟②的鍋子改成電鍋內鍋，除了把水量增加到內鍋刻度2的位置外，其餘做法皆相同，放上秋刀魚後就和往常一樣煮飯。

水量調整
如果是新米，比例為2杯米(360ml)對280ml的水。

③

秋刀魚烤好後馬上放到步驟②的米上方(小心不要燙傷，可以使用湯匙輔助)，蓋上鍋蓋後開大火，水分開始溢出後轉小火，煮10～12分鐘後，關火放置燜10分鐘，最後撒上細蔥、白芝麻。

取出秋刀魚，去頭去骨，把魚肉剝散後放回鍋中，和米飯拌勻後盛盤。

②

趁烤秋刀魚的時候準備米，把米洗過放到網篩上30分鐘，再放入鍋中，加入Ⓐ攪拌，讓調味料滲入。然後倒入1又1/2杯水（300ml）稍微攪拌，並撒上薑絲。

在米上抹滿調味料後加水
把調味料加入洗好的米中，用手拌勻，讓米粒吸飽調味之後再加水蒸煮，這就是蒸飯的重點。

①

秋刀魚去頭除內臟後，洗淨切成兩半，並撒上少許的鹽，用烤架把兩面烤到恰到好處。

烤到出現焦色的剛好程度
秋刀魚會和飯一起蒸煮，所以要去除內臟，而且香氣四溢的秋刀魚是這道菜的關鍵，所以要烤到恰到好處的焦香。

☑ 滑順的口感是紅豆粥的亮點，
　 所以要仔細去掉紅豆外皮。

☑ 米要煮得好吃，重點在於將紅
　 豆分成兩次煮。

☑ 調理時不調味，而是在餐桌上
　 用鹽和砂糖調成自己喜歡的味
　 道，這才是韓式作法。

材料(3～4人份)
紅豆…200g
米…1/3杯
糯米粉…100g

●鹽、砂糖

熱量 280卡
料理時間 1小時45分

紅豆粥

滑順的紅豆裡有著米飯的顆粒感。

①

紅豆放入大量的水中用大火煮，煮滾後放到網篩上瀝掉熱水，再倒回鍋中，加入1L的水開大火煮，煮滾後蓋上鍋蓋但稍微錯開，用小火燉煮1小時左右。燉煮時如果水分變少，要適度補充熱水進去。

②

等紅豆軟到可以用手指捏破，就把紅豆放到網篩上瀝掉熱水，並透過細孔網篩過濾，去除外皮。

> **仔細過濾掉外皮**
> 因為殘留外皮會導致口感不佳，所以要仔細過濾，讓成品滑順。

③

把步驟②一半的紅豆和4杯水及洗好的米放入鍋中後開小火，在米變軟之前一邊攪拌一邊煮大約30分鐘。過程中如果水變少，要適度補充熱水。

> **紅豆分兩次煮**
> 如果把篩過的紅豆一口氣下鍋煮，紅豆會變得非常濃稠，讓米難以平均受熱而產生軟硬不一。另外，加水可以稀釋紅豆讓米煮得鬆軟。

④

把糯米粉放入大碗公裡，加入少許的鹽和大約90ml的水，揉捏到和耳垂差不多的軟硬度後，搓成一口大小的湯圓，用滾水煮2~3分鐘，等湯圓浮起來就放到網篩上。

⑤

把步驟②剩下的紅豆放入鍋中拌匀，然後倒入湯圓攪拌後就可以盛盤，在餐桌上用適量的砂糖和鹽調成自己喜歡的味道後享用。

> **米煮好後加入剩下的紅豆**
> 米煮軟之後加入剩下、篩過的紅豆，讓成品具有濃稠感。

享用紅豆粥

用白蘿蔔泡菜增添變化
吃到一半在有湯水的料理中加入泡菜來享受味道的變化是韓國的固定吃法，紅豆粥一般都是放入白蘿蔔泡菜，不過蕪菁泡菜（參考P.170）也相當好吃。

將米變換成烏龍麵
在韓國的粥品店也有提供麵版本的紅豆粥——「紅豆烏龍麵」。在步驟③改成把紅豆全部放入，倒入2~3杯水煮滾，加入煮好的烏龍麵來代替米，然後用少許的鹽調味（如果是烏龍麵就不放湯圓）。

米飯的複習

使用水煮後粒粒分明的米來製作

米沙拉

做法

❶ 把兩種豆子都瀝乾；玉米放到網篩上瀝乾；火腿切成1cm見方的四方形；小黃瓜切成1cm見方的大小。

❷ 米稍微洗過，用大量的滾水煮3分鐘後，放到網篩上再稍微水洗一次。然後再將1L左右的熱水於鍋中煮沸，把米和比1小匙多一點的鹽放入，以筷子攪拌，用小火讓鍋中保持微滾的程度。

❸ 不蓋鍋蓋煮13～15分鐘，煮到米變軟為止，然後放到網篩上沖水清洗，並於下方墊布巾將水分確實瀝乾。

❹ 除了橄欖油外，把所有沙拉醬的材料都放進大碗公拌勻，然後再把橄欖油一點一點滴進材料中攪拌。將步驟①和③的食材隨意攪拌後盛盤，並附上沙拉醬，要吃之前再淋。　　　　　　　　　　（脇）

材料（2～3人份）

米⋯180ml（1杯）

蒸金時紅豆、雞豆（罐頭）
　⋯各50g

玉米（罐頭）、火腿、小黃瓜
　⋯各50g

沙拉醬

```
┌ 法式芥末醬⋯1小匙
│ 紅酒醋＊⋯1小匙
│ 鹽⋯1/2小匙
│ 胡椒⋯少許
└ 橄欖油⋯3～4大匙
```

● 鹽

熱量 400卡

料理時間 25分

＊沒有的話也可以用白酒醋。

平常吃的是「梗米」

一般當成「白飯」在吃的是「梗米」，越光米或錦米就是梗米的品種名稱。糯米飯和麻糬使用的「糯米」，其主要成分的澱粉種類與梗米不同，因此水量和蒸煮的時間也不同。

都是 1 杯但卻不同

電鍋附的量杯容量是180ml，所以1杯＝180ml，可是一般料理用的量杯則是1杯＝200ml。計量時要多留意喔！順帶一提，生米1杯＝大約150g。

西式料理會把米拿去水煮？

在西式料理中米也算是蔬菜的一種，所以不會把米煮得像日本米飯般柔軟，而是用水煮來去除黏性，讓米粒粒分明（參考米沙拉），凸顯顆粒感，保留米的口感。

小菜及湯品

第 6 章

廚藝絕對棒得無話可說！

如果可以俐落地做出這些小菜和湯品，

把耐放的小菜多做一點起來備用會很方便。

推薦拿來配飯的配菜和湯品主要用蔬菜製作。

鮮菇佃煮

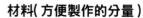
濃縮滿滿菇類鮮味的快速佃煮。

材料(方便製作的分量)

鴻禧菇⋯1包（100g）
鮮香菇⋯3朵（50g）
金針菇⋯100g

Ⓐ
┌ 醬油⋯2大匙
├ 味醂⋯1大匙
└ 水⋯1/2杯

熱量 100卡(全量)
料理時間 15分

① 鴻禧菇去除菇腳，一根一根分開；鮮香菇去蒂後切成薄片；金針菇切去根部沾土處，再切成3cm長後剝散。

② 把Ⓐ在鍋中調勻，放入步驟①的菇類攪拌，然後蓋上鍋蓋用中火煮5分鐘。打開鍋蓋，一邊攪拌一邊煮2～3分鐘，把湯汁煮乾（圖ⓐ、圖ⓑ）。

★放入密封容器可在冰箱保存4～5天。

廚藝UP小技巧

佃煮的做法是把蔬菜煮到出水，然後一邊攪拌一邊把水分收乾，把湯汁煮乾，讓味道緊緊裹住食材。

ⓑ　ⓐ

① 山藥切成4～5cm的長度，削皮後順著纖維切成1cm見方的矩形長條。在滾水中加鹽（5杯水對2小匙鹽），山藥水煮1分鐘後放到網篩上。

② 茼蒿用步驟①的滾水煮1分鐘後泡水，再擰乾水分，切成4～5cm的長度。

③ 把山藥擺在1片昆布上，再放1片昆布在山藥上方，之後在上面擺上茼蒿，再蓋上1片昆布（如圖）。用保鮮膜緊緊包住，在冰箱放一晚後，把山藥和茼蒿與切細的昆布一起盛盤。

生薑佃煮

包裹在清爽薑絲外的甜辣滋味，
是經典的美味。

材料(方便製作的分量)

薑…100g

Ⓐ
┌ 醬油、味醂…各2大匙
│ 砂糖…1大匙
└ 水…1/2杯

柴魚片…（小）1包（5g）

熱量 170卡(全量)
料理時間 20分

薑削皮，順著纖維切成3cm長的細絲，泡水5分鐘左右，瀝乾水分。 ①

把Ⓐ在鍋中調勻，放入薑與柴魚片後開中火，煮滾後蓋上鍋蓋，轉小火煮10分鐘。打開鍋蓋一邊攪拌一邊把湯汁確實煮乾。 ②

⭐放入密封容器可以在冰箱裡保存約1週。

昆布醃山藥茼蒿

只要用昆布包起來，就完成這道雅緻的配菜。
請用自己喜歡吃的蔬菜做做看。

材料(方便製作的分量)

山藥…100g

茼蒿…100g

昆布…（10×15cm）3片

●鹽

熱量 100卡(全量)
**料理時間 15分*
*不含用昆布醃漬的時間。

廚藝UP小技巧

把蔬菜
用昆布夾著，
讓昆布的美味
滲到蔬菜裡。

清脆細絲沙拉

美味之處在於把蔬菜做出爽脆的口感。

材料（2人份）

萵苣…2片
青椒…1顆
紅蘿蔔…4cm
青紫蘇…4片
沙拉醬
┌ 三杯醋（參考P.94）…2大匙
│ 麻油…1大匙
│ 洋蔥（磨成泥）…1大匙
│ 大蒜（磨成泥）…1大匙
└ 醬油…1小匙

熱量 80卡　料理時間 15分

萵苣切成5cm長的細絲；青椒去蒂去籽，切成細絲；紅蘿蔔縱切成薄片，疊起來切成細絲；青紫蘇縱切成兩半，疊起來切成細絲。

把步驟①的蔬菜用冰水冰鎮約5分鐘（如圖），變脆之後放到網篩上。

把沙拉醬的材料調勻，瀝乾步驟②的蔬菜水分，然後盛盤淋上沙拉醬。 ③

廚藝UP小技巧

發揮蔬菜清脆口感的重點在於確實冰鎮。
泡冰水，讓蔬菜有清脆口感。

茄子蘘荷
直鰹煮

直接放入柴魚片的樸素燉菜，不需要高湯就能完成。

澤煮湯

把食材切細就能呈現高雅的湯品。
用黑胡椒讓湯品有突出的微辣滋味。

材料(2人份)
豬大腿肉（薄片）…2片（30g）
鮮香菇…2朵
紅蘿蔔…20g
牛蒡…20g
鴨兒芹…8根
高湯（參考P.84）…2又1/2杯
●淡色醬油、鹽、黑胡椒（粗粒）
熱量 45卡　料理時間 15分

把豬大腿肉切成4cm的長度，再切成很細的肉絲；香菇去蒂，紅蘿蔔切成4cm的長度，分別切成很薄的片狀後切絲(如圖)；牛蒡斜切成很薄的片狀後切絲，放入水中略泡，瀝乾水分；鴨兒芹的莖切成4cm長度，葉片切成細絲。 **①**

在鍋中加熱高湯，把步驟①的豬肉散入鍋中，用中火煮到沸騰後把火轉小，去除浮沫。 **②**
☆一開始先煮豬肉，讓鮮味釋放到高湯裡。

放入步驟①的香菇、紅蘿蔔及牛蒡，略煮2～3分鐘。用1小匙淡色醬油及1/4小匙鹽調味，撒上鴨兒芹，盛入碗中，再撒上少許的黑胡椒。 **③**

廚藝UP小技巧

在切絲前先切出很薄的薄片，
自然就能切出很細的細絲。
如果是切成很細的細絲，
牛蒡就不需要事先水煮。

材料(2人份)
茄子…4條
蘘荷…3個
柴魚片…（小）1包（3g）
●沙拉油、砂糖、醬油
熱量 130卡
料理時間 25分

廚藝UP小技巧

先從茄子皮開始炒，
就能煮出漂亮的顏色。

茄子去掉蒂頭，縱切成兩半再斜切成兩半後泡水；蘘荷切成四份。 **①**

平底鍋加入1大匙的沙拉油以中火加熱，從擦乾水分的茄子皮開始炒(如圖)，等油滲入所有茄子後，放入1大匙的砂糖略炒。 **②**

放入1又1/4杯的水及柴魚片，煮滾後轉小火，蓋上落蓋煮5分鐘。 **③**

放入蘘荷與2大匙的醬油後再煮10分鐘，然後試湯汁確認味道，煮到味道剛好就關火，就這樣靜置一會讓食材入味。 **④**

炒菇

炒乾菇類的水分，煎出焦色來凝聚美味。

材料(方便製作的分量)

菇類*

- 鴻禧菇…（大）1包
- 蘑菇…（大）4朵
- 鮮香菇…3朵

蒜（切末）…1/4瓣的分量

義大利巴西利（切末）…2小匙

●鹽、奶油

熱量 190卡(全量)

料理時間 15分

＊使用3～4種自己喜歡的菇類，
共計300g。

菇類切去菇腳，把鴻禧菇
剝散；蘑菇縱切成2～4份；
香菇切成7mm的寬度。在
冷的平底鍋鋪上菇類，放上1大匙奶
油與1/4～1/3小匙的鹽（如圖ⓐ）。 **①**

開中火，慢慢炒到奶油融
化、菇類出水，把火轉大，
一邊攪拌一邊收乾水分
（如圖ⓑ），出現焦色後加入大蒜。 **②**

拌炒到飄香後，撒上義大
利巴西利，並加入1/2大匙
的奶油攪拌。 **③**

MEMO

變化菜色
也很推薦和煮好的義
大利麵拌在一起吃！

廚藝UP小技巧

ⓐ
把菇類平鋪在冷的平底
鍋上，撒鹽、開火，用
這種方式讓菇類出水。

ⓑ
把菇類釋放的水分確實收
乾，用煎的方式來炒，能
提升口感。

炒馬鈴薯

從冷油開始慢炒，讓馬鈴薯外脆內鬆軟。

材料(方便製作的分量)
馬鈴薯…3顆
●沙拉油、鹽
熱量 460卡(全量)
料理時間 20分

馬鈴薯切成1.5cm見方的丁狀，泡水約5～10分鐘後，確實瀝乾水分。 **①**

❀泡水讓表面的澱粉脫落，完成時就能爽脆不黏糊。

在冷的平底鍋放入1又1/2大匙的沙拉油與馬鈴薯，並撒入1/4～1/3小匙的鹽。開中火，一邊用鍋鏟攪拌，一邊用炸的方式慢炒（如圖）。 **②**

表面出現焦色、裡面變得鬆軟後，把油用廚房紙巾吸乾。 **③**

廚藝UP小技巧

在冷油中放入馬鈴薯，
就算帶有水分
炒起來也不會油爆，
慢慢加熱讓馬鈴薯裡面
保持鬆軟。

炒馬鈴薯的菜色變化

加蛋攪拌大塊煎。

西班牙馬鈴薯蛋餅

材料(兩～三人份)與做法
① 把200g炒馬鈴薯與少許的鹽、胡椒放入3顆蛋中攪拌。
② 平底鍋(直徑15～16cm)加入2小匙的橄欖油用中火加熱，倒入步驟①的材料，在半熟之前持續攪拌，然後蓋上鍋蓋用小火煎2～3分鐘。
③ 上下翻面後同樣煎2～3分鐘。

熱量 530卡(全量)
料理時間 10分

冷製玉米濃湯

把直接啃水煮玉米的香甜滋味原封不動做成湯品。

④ 在步驟③的鍋子裡加入雞湯和步驟②的玉米粒，以及少許胡椒，蓋上鍋蓋用小火燜10分鐘左右。倒入調理機（如圖ⓒ），加入牛奶攪打，同時用布巾按住小心別讓蓋子彈開。

⑤ 打到滑順之後倒入金屬製大碗公，並疊放在另一個裝冷水的大碗公上，一邊用橡皮刮刀攪拌一邊冷卻。冷卻到手可以觸摸的溫度後，放入冰箱冷藏1小時左右。

⑥ 趁還沒冷過頭時盛到食器中，並放上事先保留的玉米粒作為裝飾。

① 玉米剝皮稍微洗一下，在表面沾水的狀態下直接撒上少許的鹽，包上兩層保鮮膜（如圖ⓐ）。用微波爐（600W）加熱2分鐘，然後直接燜1分鐘，上下翻面後再加熱1分鐘。

② 包著保鮮膜冷卻到手可以觸摸的溫度，連保鮮膜一起切成3～4等分。拿掉保鮮膜，用菜刀從玉米粒根部把玉米粒剝下，先保留大約1大匙作為裝飾用。

③ 洋蔥順著纖維切成薄絲，和1小匙的沙拉油一起放入鍋中，撒1/2小匙的鹽，開小一點的中火炒到變軟（如圖ⓑ）。

材料（2人份）

玉米…1根（淨重150g）
洋蔥…1/4顆（50g）
雞湯*…3/4杯
牛奶…1/2杯
●鹽、沙拉油、胡椒

熱量 140卡
料理時間 25分＊＊

＊參考P.84，或在熱水裡融入一些（西式）雞湯塊（標示分量的一半）。
＊＊不含湯品冷卻的時間。

MEMO

用微波爐加熱後，若直接冷卻、冷凍起來的話，可以保存2～3個月。

廚藝UP小技巧

ⓒ

玉米和洋蔥都要慢慢燜煮，帶出甜味後再攪打，就可以變得滑順。

ⓑ

洋蔥先撒鹽再開火炒，鍋子在開始溫熱時洋蔥就會出水，這樣可以避免炒焦。

ⓐ

若玉米數量不多，就用保鮮膜包起來放入微波爐加熱。過程中燜一段時間就能讓玉米平均受熱。

椒麻茄子

爽口溫和的辣味，帶有後勁。

材料(方便製作的分量)

茄子…3條

Ⓐ ─ 水…1杯
　　醬油…4大匙
　　酒…2大匙

花椒粉＊(或是山椒粉)…1/2～1小匙

●沙拉油

熱量 420卡(全量)
料理時間 15分

＊中國山椒的果實經過乾燥後磨成粉
而製成。

茄子切掉蒂頭，切成2cm
厚的圓塊。

平底鍋倒入深3cm的沙拉
油，用大火加熱到180℃
(將調理長筷放入油中會
劇烈冒出泡泡的狀態)後，放入茄
子炸到表面稍微變色(如圖)，再瀝
乾油取出。

把Ⓐ和步驟②的茄子、
花椒粉放入鍋中，開大
火，煮滾後轉中火，再
煮3分鐘左右。

★放入密封容器可以在冰箱保存
　約2～3天。

廚藝UP小技巧

茄子經過短暫清炸，可除去
多餘水分，讓味道容易入味。

中式金平蒟蒻

豆瓣醬的辣味和蒟蒻非常對味。

材料(方便製作的分量)

蒟蒻…1塊（220g）
豆瓣醬…1小匙
Ⓐ［ 水…3/4杯
　　酒、醬油、砂糖…各2大匙
●沙拉油、麻油

熱量 340卡(全量)
料理時間 10分

蒟蒻切成2cm見方的丁狀，用滾水煮
1分鐘。　　　　　　　　　　　①

把1大匙的沙拉油和豆瓣醬放入鍋
中，開中火輕炒出香味。　　　　②

先放入Ⓐ攪拌，再放入蒟蒻稍微煮一
下，起鍋時滴入1大匙的麻油攪拌。③

✪放入密封容器可在冰箱保存約
　1週。

廚藝UP小技巧

蒟蒻事先水煮能去除氣味及鹼味。

中式醃蘿蔔與西洋芹

發揮甜麵醬香醇風味的味噌醃漬風。

材料(方便製作的分量)

西洋芹…2根
紅蘿蔔…1根
Ⓐ［ 甜麵醬…3大匙
　　豆瓣醬…1小匙
　　麻油…1大匙
●鹽

熱量 340卡(全量)
料理時間 10分＊
＊不含蔬菜撒鹽靜置的時間
及放在冰箱內的時間。

西洋芹切去葉片後，切
成10cm的長度，較粗
的莖部縱切成三等分；
把紅蘿蔔長度對半切成一半，
粗的部分縱切成四份，細的部
分縱切成兩半。　　　　　①

把步驟①的蔬菜集合在
大碗公裡，撒1小匙的
鹽抓醃，放置30分鐘
後擠乾水分。　　　　②

將Ⓐ調勻後放入夾鏈保
鮮袋，然後放入步驟②
的蔬菜，從袋子外頭抓
醃。在冰箱放置1天，從袋中取
出並瀝乾水分。切成方便食用
的大小，放回密封容器。　③

✪可在冰箱保存約 1 週。

廚藝UP小技巧

蔬菜撒鹽靜置一會，出水後再擠乾，因為除去多
餘水分後，調味料才會入味。

咖哩秋葵天婦羅

裹著麵衣油炸的秋葵有著鬆軟的全新口感。

材料（2人份）

秋葵…（大）6根

麵衣
- 天婦羅粉（市售）…3大匙
- 咖哩粉…1/2小匙

咖哩鹽
- 咖哩粉、鹽
  …各適量（混合相同分量）

●太白粉、炸油

熱量 100卡
料理時間 10分

 秋葵先撒上1小匙的太白粉。

 把製作麵衣的天婦羅粉倒入大碗公，用比標示分量少一點的水量調成濃一點的麵糊，加入咖哩粉攪拌。

③ 把步驟①的秋葵沾上步驟②的麵衣，放入加熱到180℃（將調理長筷放入油中會劇烈冒出泡泡的狀態）的炸油中，四周開始凝固後把上下翻面，炸到酥脆後把油瀝乾盛盤，附上咖哩鹽。

廚藝UP小技巧

秋葵不切、不劃刀痕也沒關係，直接油炸就能鎖住美味，撒上太白粉讓麵衣容易沾附。

中式敲敲牛蒡

牛蒡充分入味的清脆口感真是好吃的不得了。

材料（2人份）

牛蒡…1根（約150g）

蝦米（乾貨）…20g

榨菜…20g

Ⓐ ┌ 酒…1大匙
  └ 醬油…1小匙

蔥（蔥白部分／切末）
　…3cm的分量

●沙拉油、醋

熱量 170卡

料理時間 30分＊

＊不含泡發蝦米的時間。

① 把蝦米放入小容器，加1/4杯的水放置30分鐘，泡發，然後取出切細碎，再泡回水裡。

② 先刷洗牛蒡的表皮，然後在帶著皮的狀態下直接用研磨棒或桿麵棍敲裂（如圖ⓐ），再切成3cm的長度，粗的部分用手撕成方便食用的大小（如圖ⓑ），接著泡水約15分鐘，用廚房紙巾擦乾水分；榨菜稍微洗過、擦乾水分，然後切末。

③ 平底鍋倒入深2cm的沙拉油，加熱到180℃（將調理長筷放入油中會劇烈冒出泡泡的狀態），放入牛蒡清炸，炸到所有牛蒡都浮起、帶有淡淡焦色。

④ 把步驟③的平底鍋清乾淨，加熱1大匙的沙拉油，用中火炒榨菜，等油滲入後加進牛蒡，一邊讓榨菜附著在牛蒡上一邊拌炒。加入步驟①泡發蝦米的水（如圖ⓒ），把Ⓐ依序放入稍微炒一下，最後加入蔥末後關火，放入1小匙的醋拌勻。

廚藝UP小技巧

ⓒ	ⓑ	ⓐ
用泡發蝦米的水來增添蝦米的鮮味，並透過水分讓牛蒡容易入味。	為了讓味道容易滲入，用手撕開較粗的部分。	用研磨棒敲擊牛蒡，破壞纖維讓味道更容易滲入。

蕪菁泡菜

把韓國白蘿蔔泡菜的做法加以變化，訣竅在於先用鹽逼出多餘水分之後再醃漬。

材料(方便製作的分量)

蕪菁…3顆(約300g)
辣椒粉(中等粗度／參考P.39)…2大匙
Ⓐ
　白芝麻、蜂蜜…各1/2大匙
　大蒜(磨成泥)…1瓣的分量
　薑(磨成泥)
　　…1個大拇指指節左右的
　　分量（約15g）
　辣味明太子(從薄皮內刮出)
　　…1大匙
　蘋果(磨成泥)…1/4顆的分量
●鹽

**熱量 200卡(全量)
料理時間 15分***
＊不含加鹽抓醃的靜置時間。

蕪菁切去莖部去皮，切成八等分的瓣狀，莖部切成4cm長度，分別放入不同的大碗公，加入1小匙的鹽抓醃。把裝水的大碗公疊在裝莖部的碗上施加重量，兩者皆放置約30分鐘(如圖)，再稍微擠掉水分。 ①

把蕪菁和莖部在大碗公內混合，撒辣椒粉增色。 ②

把Ⓐ放入步驟②的大碗公攪拌。 ③
★放入密封容器可在冰箱保存約 1 週。

廚藝UP小技巧

對不易出水的莖部施加重量靜置，讓水分容易釋出。

醬油醃菇

菇類的美味加上微辣的風味好下飯。

材料(方便製作的分量)

鮮香菇、鴻禧菇、舞菇、杏鮑菇…各100g
Ⓐ
　小魚乾高湯(參考MEMO)…1杯
　味醂…3大匙
　醬油…2小匙
　鹽…1小匙
　紅辣椒(去除蒂頭及種子)…2根的分量

熱量 200卡(全量) 料理時間 15分*
＊不含冷卻時間。

鮮香菇去蒂切成兩半；鴻禧菇切去菇腳後剝散；舞菇切去堅硬的根部後剝散；杏鮑菇橫切成兩半後縱切成薄片。 ①

烤盤鋪上烘焙紙後， 放上步驟①的菇類， 送進220℃的烤箱烤6～7分鐘。 ②

在鍋裡用大火把Ⓐ煮滾，放入步驟②的菇類後立刻關火冷卻。 ③
★放入保存瓶內可在冰箱保存約 5 天。

廚藝UP小技巧

菇類先用烤箱烤乾多餘水分後再醃漬，就能讓味道容易滲入。

MEMO 小魚乾高湯

鍋中放 1 又 1/2 杯水以及取出內臟的小魚乾10g，放置約 30 分鐘後開大火煮，煮滾後轉小火再煮 10 分鐘左右，用網篩過濾。

韓式 涼拌番茄

番茄的甜搭配麻油的香，更有家常配菜的感覺。

材料(2人份)

小番茄…8顆
醬汁
- 白芝麻…1/2大匙
- 醋…1小匙
- 鹽、麻油…各1/3小匙

熱量 30卡　料理時間 10分

小番茄去蒂，縱切成四等分。　①

把步驟①的小番茄放入大碗公，依序加入麻油以外的醬汁材料拌勻，最後加入麻油拌勻。　②

韓式涼拌新鮮蔬菜 MEMO
用醬汁涼拌新鮮蔬菜的涼拌菜。

小黃瓜 涼拌蘘荷

口感佳、蘘荷的香氣清爽。

材料(2人份)

小黃瓜…1根
蘘荷…3個
醬汁
- 韓國辣醬(參考P.37)、醋…各1又1/2大匙
- 砂糖、白芝麻…各1/2大匙
- 薑（磨成泥）…1小匙
●鹽

熱量 70卡　料理時間 10分

小黃瓜放在砧板上，撒1小匙的鹽，用手讓小黃瓜前後滾動，幫助入味，稍微清洗後擦乾水分，縱切成兩半，再斜切成薄片；蘘荷縱切成薄片。　①

把小黃瓜與蘘荷放入大碗公，依序放入醬汁的材料拌勻。　②

廚藝UP小技巧

涼拌蔬菜的醬汁要讓醋發揮效用，使蔬菜保留新鮮感，也變得下飯。

白帶魚湯

可以品嚐到白帶魚的溫和鮮味。

材料(2人份)

白帶魚（切塊）…2塊（200g）
大蒜(去莖，橫切成薄片)
　…2瓣的分量
白菜…1～2片（約100g）
南瓜…80g
紅辣椒（生的／去籽，斜切薄片）
　…1/2根的分量
昆布高湯
┌ 昆布…（10cm四方形）1片
└ 水…4杯
●酒、鹽

熱量 340卡
料理時間 20分＊
＊不含昆布高湯的製作時間。

把昆布高湯的材料放入鍋中靜置30分鐘左右，白菜橫切成3cm的寬度；南瓜切5mm的厚度，再切成方便食用的大小。 **①**

開大火加熱步驟①的鍋子，煮滾後取出昆布，放入1/2杯的酒和大蒜再煮到滾，依序加入2/3小匙的鹽、白菜、白帶魚（如圖），一邊撈去浮沫一邊用小一點的中火煮5分鐘左右。 **②**

放入南瓜、辣椒，煮7～8分鐘後用少許的鹽調味。 **③**

廚藝UP小技巧

按照白菜、白帶魚的順序放入烹煮，白帶魚的鮮味會滲入白菜裡，而白帶魚則會吸飽充滿白菜甜味的湯汁，完成後非常好吃。

韓式冷汁

韓國夏天不可或缺的就是冷味噌湯，喝起來清爽，讓身體恢復活力。

材料（2人份）

冷汁

- 味噌*…4大匙
- 醋…2大匙
- 研磨白芝麻、檸檬汁…各1大匙
- 薑（磨成泥）
  …1個大拇指指節左右
  的分量（約15g）
- 水**…3杯
- 紅辣椒（去蒂）…1根

小黃瓜…1/2根
蘘荷…2個
韭菜…2株
花枝（生魚片用）…60g
研磨白芝麻…適量

熱量 130卡
料理時間 10分***

*依自己喜歡的口味，這裡使用信州味噌。
**不需加熱，所以使用礦泉水為佳。
***不含在冰箱中冰鎮的時間。

小黃瓜縱切成兩半，再斜切成薄片；蘘荷及韭菜切細。

把冷汁的材料放入大碗公內，仔細攪拌讓味噌化開，加入步驟①的小黃瓜後，放到冰箱中冰鎮。

花枝切條，在步驟②的碗裡放入蘘荷、韭菜及花枝後，就可以盛裝到食器中，並撒上研磨的芝麻。
✿香氣濃烈的蘘荷及韭菜等到要吃的時候再放！

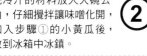

廚藝UP小技巧

冷汁的重點在於取得味噌與醋或檸檬汁之間的酸味平衡，即使沒有高湯也非常好吃。

沾醬&醬汁的複習

雙重番茄醬汁

西式

淋在炸物或歐姆蛋之類的蛋料理上。

材料（2人份）
番茄…1顆（100g）
番茄醬…2大匙
中濃醬汁
（或伍斯特醬、豬排用醬汁）…1小匙

做法
番茄去蒂切成1cm見方的丁狀，然後和番茄醬、中濃醬汁一起拌勻。
☆無法久放，所以當下就要吃完。

三杯醋

日式

醋涼拌當然不用說，加了油就變成沙拉醬。

材料（方便製作的分量）
醋…1杯
醬油…2小匙
砂糖…3大匙
鹽…1小匙

做法
把醋和醬油調勻，再加入砂糖及鹽，攪拌到砂糖和鹽完全溶解。
☆放入保存容器可在冰箱保存1～2個月。

牛奶醬汁

西式

淋在燜煮蔬菜或歐姆蛋之類的蛋料理上。

材料（2人份）
牛奶…1/2杯
高湯塊（西式）…1/4個
┌太白粉…1/2大匙
└牛奶…1大匙

做法
小鍋子放入牛奶和高湯塊後，開小火融化高湯塊，把Ⓐ拌勻後加入，一邊攪拌一邊勾芡。
☆無法久放，所以當下就要吃完。
（以上／雅世）

味噌豬排沾醬

日式

當作火鍋沾醬或是炒菜時的調味。

材料（約100ml的分量）
八丁味噌…50g
砂糖…2大匙
味醂…1大匙

做法
把八丁味噌、砂糖、味醂放入鍋中仔細攪拌，慢慢加入1/4杯的水將材料調稀。開中火，煮滾後轉小火，一邊攪拌一邊熬煮，在快要變成像美乃滋一樣的軟硬度前關火。
☆放入保存容器可在冰箱保存2週。
（以上／渡邊昭子）

特別篇 韓式

藥韓國辣醬

像藥一般放入大量有益健康的食材，做成韓國辣醬風味的肉燥味增。

做法
❶牛絞肉放入大碗公，加入Ⓐ確實攪拌。
❷平底鍋加入1大匙的麻油用中火加熱，再放入步驟①的材料，用木鍋鏟炒散。
❸肉色改變後加入Ⓑ，整體熬煮到變得柔滑為止，最後加入松子攪拌，放在飯上用荏胡麻葉包起來吃會很好吃！
☆放入保存容器可在冰箱保存4～5天。
（高賢哲）

材料（方便製作的分量）
牛絞肉…200g
Ⓐ┌酒…1大匙
│蔥(切末)…10cm的分量
│薑(磨成泥)…1個大拇指指節左右的分量（約15g）
│大蒜(磨成泥)…1瓣的分量
│醬油…1小匙
└蘋果(磨成泥)…1/4個
Ⓑ┌酒…2大匙
│韓國辣醬(參考P.37)…1/2杯
└蜂蜜…1大匙
松子…1大匙
●麻油

熱量 990卡(全量)
料理時間 15分

百變廚房：中西日韓料理大百科

作　　者：NHK 出版
攝　　影：木村拓、野口健志、吉田篤史
營養計算：宗像伸子

發 行 人：林敬彬
主　　編：楊安瑜
責任編輯：黃谷光
內頁編排：吳海妘
封面設計：彭子馨（Lammy Design）

出　　版：大都會文化事業有限公司
發　　行：大都會文化事業有限公司
　　　　　11051 台北市信義區基隆路一段 432 號 4 樓之 9
　　　　　讀者服務專線：（02）27235216
　　　　　讀者服務傳真：（02）27235220
　　　　　電子郵件信箱：metro@ms21.hinet.net
　　　　　網　　　　址：www.metrobook.com.tw
郵政劃撥：14050529 大都會文化事業有限公司
出版日期：2015 年 02 月初版一刷
定　　價：350 元
I S B N：978-986-5719-41-8
書　　號：i-cook-07

國家圖書館出版品預行編目（CIP）資料

百變廚房：中西日韓料理大百科 / NHK 出版 編著
-- 初版 . -- 臺北市：大都會文化 , 2015.02
176 面；17x23 公分 -
ISBN 978-986-5719-41-8（平裝）
1. 食譜

427.1　　　　　　　　　　　　　　　104000346